이산화탄소가스아크 용접기능사 실기

YouTube
▶ 충남산업기술교육원

이 책을 펴내며……

국가직무능력표준(National Competency Standards ; NCS)은 산업 현장에서 직무를 수행하기 위해 요구되는 지식, 기술, 소양 등의 내용을 국가가 산업부문별, 수준별로 체계화하여 제공함으로써 산업 현장의 직무를 성공적으로 수행하기 위해 필요한 능력(지식, 기술, 태도)을 표준화한 것을 의미한다.

교육 현장의 현실은 기업이 요구하는 인적자원을 배출하지 못하여 현장 적응 능력이 떨어져 현장에서 재교육을 시켜야 하는 것이 현재 업계의 실정이다. 교육 현장에서는 산업 현장의 수요에 맞는 인재를 배출하고 기업은 인재를 체계적으로 관리하여 기업 및 국가의 경쟁력을 제고해야 하는 시점이다. 선진국에서는 이미 이런 문제점을 인식하고 산업 현장이 요구하는 직무능력에 대한 표준을 만들어 교육훈련과 자격시험을 통해 국가 차원에서 인적자원을 관리하고 있다. NCS는 그 활용 측면에 있어서 해당 직무에서의 수요를 체계적으로 분석하여 교육(훈련)기관, 자격기관 그리고 산업 현장(기업체 등)이 유기적인 연관 관계를 가짐으로써 그 기능을 극대화할 수 있다. 즉, NCS에서는 해당 직무 분야에 필요한 능력 요구 단위, 수행 준거 등을 설정하여 표준을 제시하면 훈련기관에서는 모듈 단위의 학습과제에 따라 훈련과 교육을 병행하고 자격기관은 이를 평가하여 자격을 발급하게 되고 산업수요자는 이를 토대로 자격을 갖춘 인력을 선발하여 직무에 활용하는 유기적인 체계를 구축하는 것이 큰 목표이다.

이러한 NCS 활용 측면에서 국가기술자격검정이 지향하는 목표는 산업 수요에 맞는 현장 중심의 직무 인력 양성을 위한 공정한 능력 평가를 통한 산업 수요와 공급의 불균형을 해소하고 자격취득자의 능력을 인정받게 함으로써 능력 중심 사회 구현에 이바지하는 것이다. 정부가 인재 관리를 위하여 국가적 차원에서 적극적으로 국가직무능력표준을 주도하는 것은 바람직하지만 국가직무능력표준 개발 과정에서 여전히 많은 문제점과 혼란을 드러내고 있다.

따라서 필자는 용접 분야의 NCS를 현행 검정형 국가기술자격인 이산화탄소가스아크용접기능사 실기시험에 적용하고 기술 영역을 수용하기 위해 기술하였다.

저자 드림

시험안내

자격명	이산화탄소가스아크용접기능사(Craftman CO_2 Gas Arc Welding)
직무 내용	용접도면을 해독하여 용접절차사양서를 이해하고 용접재료를 준비하여 작업 환경 확인, 안전 보호구 준비, 용접장치와 특성 이해, 용접기 설치 및 점검 관리하기, 용접 준비 및 본 용접하기, 용접부 검사, 작업장 정리하기 등의 이산화탄소가스아크용접(CO_2) 관련 직무 ※ 과정평가형 자격 취득 가능 종목

시험 시간		
솔리드와이어 맞대기용접	40분	
플럭스코어드와이어 맞대기용접	40분	총 2시간
가스절단 및 솔리드와이어 필릿용접	40분	

요구 사항	※ 지급된 재료를 사용하여 별첨 도면에서 지시한 내용대로 과제명과 같이 용접하시오. ※ 수험자가 작품을 제출한 후 채점을 위한 시험편 가공은 감독위원의 지시를 받아 관리원이 하도록 합니다.

(1) 용접 자세
　① 아래보기 자세는 모재를 수평으로 고정하고 아래보기로 용접해야 합니다.
　② 수평 자세는 모재를 수평면과 90° 되게 고정하고 수평으로 용접해야 합니다.
　③ 수직 자세는 모재를 수평면과 90° 되게 고정하고 수직으로 용접해야 합니다.
　④ 위보기 자세는 모재를 위보기 수평(0°) 되게 고정하고 위보기로 용접해야 합니다.
(2) 용접 작업
　① 작품을 제출한 후에는 재작업할 수 없으므로 유의해서 작업합니다.
　② 모든 용접에서 엔드탭(end tap) 사용을 금하고, 맞대기용접 작업은 도면과 같이 150mm 모두 실시해야 합니다.
　③ 가스 유량, 용접 전류·전압 등 용접 작업에 필요한 모든 조정 사항은 수험자가 직접 결정하여 작업합니다.
　④ 본용접 시 모재를 돌려 가며 용접하지 않습니다.
　　(예 : 수직 첫 번째 패스(한 줄 전체)를 하진 후 모재를 돌려 두 번째 패스 상진 금지)
(3) 가스절단
　① 가스절단장치 또는 가스집중장치의 가스 누설 여부를 확인합니다.
　② 각각의 압력조정기 핸들을 조정하여 가스절단 작업에 필요한 적정 사용 압력을 조절합니다.
　③ 점화 후 가스 불꽃을 조정하여 도면에 지시한 내용대로 절단 작업을 수행한 후 소화합니다.
　④ 각각의 호스 내부 잔류가스를 배출시킨 후 절단 작업 전의 상태로 정리 정돈합니다.
　⑤ 가스절단 작업 후 절단면 외관을 채점하므로 줄이나 그라인더 가공을 금합니다.
　⑥ 가스절단 시간은 15분 이내에 해야 합니다.

(4) 필릿용접
　① 필릿용접에서 용접선은 도면의 자세대로 용접할 수 있도록 모재를 고정한 후 용접합니다.
　② 가용접은 도면의 시험편 양쪽 가장자리로부터 12.5±2.5mm까지(용접하지 않는 부분)를 제외한 용접선에 해야 하며, 가용접 길이는 10mm 이내로 해야 합니다.
　③ 필릿용접에서 비드폭과 높이가 각각 요구된 목길이(각장)의 −20%~+50% 범위에서 용접해야 합니다.

수험자 유의 사항

① 수험자가 지참한 공구와 지정한 시설만 사용하고 안전 수칙을 지켜야 합니다.
　(수험자 지참 공구 목록에 있는 공구만 지참 및 사용 가능)
② 용접을 시작하기 전에 V홈 가공을 위한 줄 가공이나 그라인더 가공은 허용합니다.
③ 용접외관 채점 후 굽힘시험(필릿용접은 파면검사)을 하므로 용접 후 용접부에 줄이나 그라인더 등의 가공을 금합니다.
④ 복장 상태, 작업 시 안전 보호구 착용 여부, 재료 및 공구 등의 정리 정돈과 안전 수칙 준수 등도 시험 중에 채점하므로 철저히 해야 합니다.
⑤ 각 과제는 시험 시간 내에 완성해야 하며, 과제별 남은 시간은 다른 과제에 사용할 수 없습니다.
⑥ 다음 사항에 대해서는 실격에 해당하여 채점 대상에서 제외하니 특히 유의하시기 바랍니다.

　가) 기권
　　- 수험자 본인이 수험 도중 시험에 대한 포기 의사를 표하는 경우
　　- 실기시험 과제 중 1개 과제라도 불참한 경우

　나) 실격
　　- 전(全) 감독 위원이 용접의 상태(시험편의 용락, 언더컷, 오버랩, 비드 상태 등 구조상의 결함과 용접 방법 등)가 채점 기준에서 제시한 항목 이외의 사항과 관련하여 용접 작품으로 인정할 수 없는 작품

　다) 미완성
　　- 1개소라도 미용접된 작품 또는 시험 시간을 초과한 작품

　라) 오작
　　- 맞대기용접 시험편 이면비드(시점, 이음부, 종점 포함)의 불완전 용융부가 용접부 길이의 30mm를 초과한 작품
　　- 이면 받침판을 사용했거나, 이면비드에 보강용접을 한 작품
　　　(단, 플럭스코어드와이어용접에서는 세라믹백킹제의 사용 허용)
　　- 외관검사를 하기 전 비드 표면에 줄가공이나 그라인더 등의 가공을 한 작품
　　- 용접 완료 후 시험편(비드 등)에 해머링을 한 작품 및 지급된 용접봉을 사용하지 않은 작품
　　- 요구 사항을 지키지 않은 작품 및 필릿용접에서 도면에 지시된 용접 구간 내에 용접하지 않은 작품
　　- 필릿용접 파단시험 후, 두 모재의 용입이 용접 길이의 50%가 되지 않는 작품
　　- 필릿용접부에서 비드폭과 높이가 각각 요구된 목길이(각장)의 4.8~9mm 범위를 벗어나는 작품
　　- 굴곡시험에서 시험편 개수의 50%(총 4개 중 2개) 이상이 0점인 작품
　　- 용접 시 비드 내에서 전진법이나 후진법을 혼용하거나, 상진법이나 하진법을 혼용한 작품(용접 시점과 종점은 모두 동일한 방향으로 용접해야 함)

수험자 유의 사항

라) 오작
- 맞대기용접부의 비드 높이가 용접시점 10mm, 종점 10mm를 제외한 구간에서 모재 두께보다 낮은(0mm 미만) 작품
- 도면에 표기된 상태로 가용접하지 않은 작품
- 용접부의 비드 높이가 5mm를 초과한 작품
- 절단 작업 후 절단면에 줄이나 그라인더 등 가공한 작품
- 가스 절단된 모재의 길이가 125±5mm를 벗어나는 작품
- 도면에 제시된 모재가 규정된 각도를 10° 이상 초과해서 용접 작업할 경우
- 스패터부착방지제, 슬래그제거제 등의 화학제품 및 용접 작업에 도움이 되는 도구(지그, 턴테이블 등)를 사용한 경우

⑦ 공단에서 지정한 각인을 각 부품별로 반드시 날인받아야 하며, 각인이 날인되지 않은 과제를 제출할 경우에는 채점하지 아니하고, 불합격 처리합니다.

지급 재료 목록

일련번호	재료명	규격	단위	수량	비고
1	연강판	t6×100×150mm	개	2	1인당, 2장 각각 150면 개선가공
2	연강판	t9×125×150mm	개	2	1인당, 2장 각각 150면 개선가공
3	연강판	t9×150×250mm	개	1	1인당, 가공 없음
4	CO_2 플럭스코어드와이어	Ø1.2	-	-	공용
5	CO_2 솔리드와이어	Ø1.2	-	-	공용

※ 기타지급재료는 공용으로 사용하시기 바랍니다.

목 차

◎ NCS기반 이산화탄소가스아크용접기능사 실기

제1장 용접 공통 직무
제1절	작업안전관리	10
제2절	재료준비	14
제3절	장비설치	18

제2장 솔리드와이어 맞대기용접
제1절	비드쌓기	30
제2절	가용접	40
제3절	맞대기용접	45

제3장 가스절단 및 솔리드와이어 필릿용접
제1절	가스절단	54
제2절	가용접	63
제3절	필릿용접	65

제4장 플럭스코어드와이어 맞대기용접
제1절	비드쌓기	72
제2절	가용접	82
제3절	자세별 맞대기용접	86

제5장 용접부 검사
제1절	솔리드와이어 맞대기용접 검사	100
제2절	솔리드와이어 필릿용접 검사	105
제3절	플럭스코어드와이어 맞대기용접 검사	108

제6장 실기시험 예상문제 ··· 114

제1장

이산화탄소가스아크용접기능사 실기

제1장
용접 공통 직무

제1절 작업안전관리

제2절 재료준비

제3절 장비설치

제1절 작업안전관리

1. 용접면 준비하기

피복아크용접 실습에 필요한 용접면의 종류는 다음과 같다. [그림 1.1.1]은 수동 개폐 용접면의 본체 및 주요 구성품을 나타내고 있다. 특히, (d)의 용접 돋보기는 40대 후반부터 노안이 시작된 사람들이 근시로 인해 용융지를 정확히 볼 수 없을 경우 많이 사용되고 있다. 일반 돋보기 안경을 착용할 경우 용접하는 도중에 김서림 현상이 발생하는 불편함이 있을 수 있어 대안으로 용접면에 부착하여 사용하는 돋보기가 시중에서 많이 판매되고 있다. 용접부로부터 30cm 이내 거리에서 용융지가 선명하게 볼 수 있도록 자신에게 알맞은 도수를 선택하도록 한다. 주로 사용되는 도수는 1.75~2.00 수준이다. 용접돋보기는 수동면 또는 자동면에서도 모두 부착 사용 가능하다.

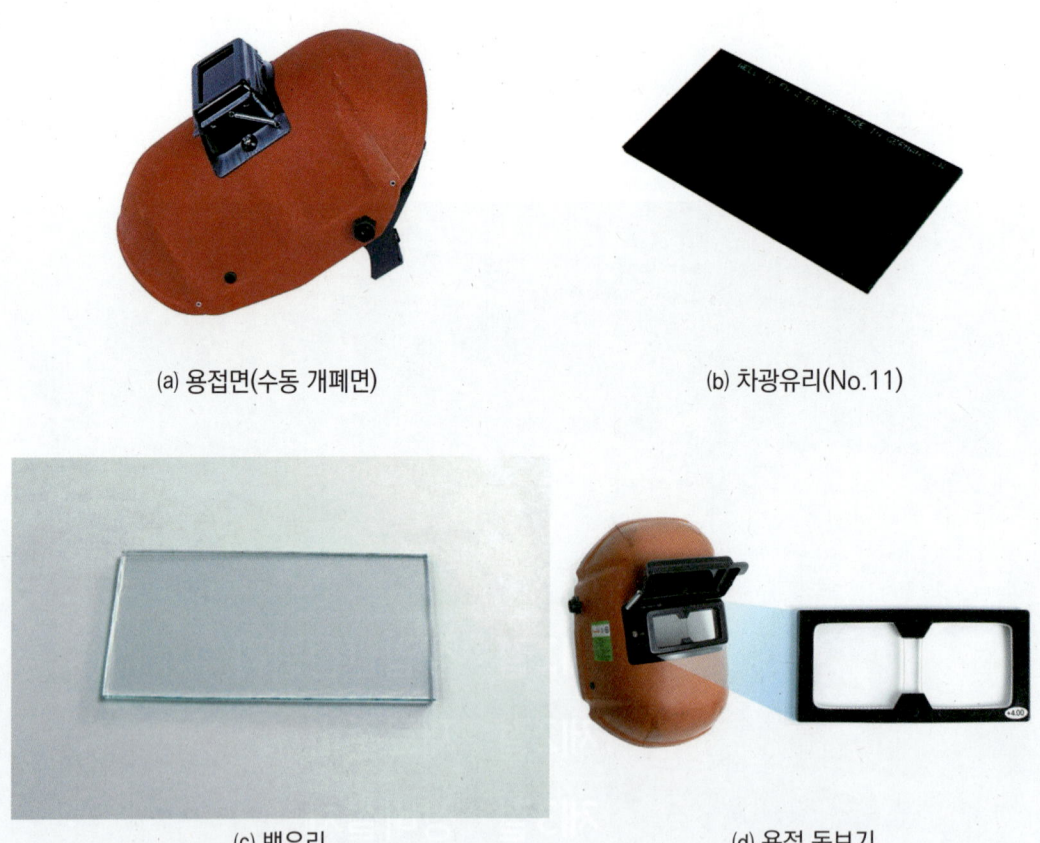

(a) 용접면(수동 개폐면) (b) 차광유리(No.11)

(c) 백유리 (d) 용접 돋보기

[그림 1.1.1] 수동 개폐 용접면 주요 구성품

① 수동 개폐면을 사용할 경우 차광유리의 차광도를 점검하도록 한다. 금속아크용접의 경우 사용되는 전류의 값은 90~200A 수준이며 권장되는 차광도는 10~11 수준이다. 차광도가 10 이하일 경우 눈의 피로가 쉽게 올 수 있으며 장시간 사용하지 않도록 한다. 11 이상의 경우에는 차광도가 너무 높아 용접 중에 용접 부위의 시야 확보가 어려워 정확하게 운봉할 수 없어 용접 품질이 저하될 수도 있다. [그림 1.1.2]을 참고하여 자신이 사용하고 있는 차광유리의 차광도를 반드시 확인하도록 한다.

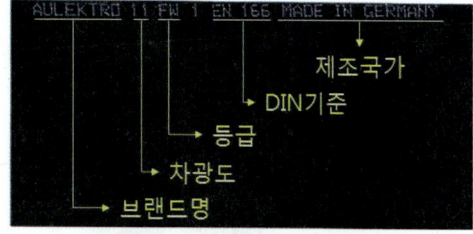

[그림 1.1.2] 차광유리 점검

② [그림 1.1.3]은 자동차광 용접면의 종류를 나타내고 있다. 가용접할 경우 한손으로는 용접할 제품을 잡고 다른 한손으로는 용접 홀더를 잡는 경우가 많다. 자동면은 별도로 개폐면을 손으로 여닫는 불편함이 없고 자동으로 용접면 전면에 설치된 조도센서를 통하여 빛의 양에 따라 자동적으로 차광이 이루어진다. 현재 자동 용접면은 많은 대중화를 통해 저가형 제품도 많이 출시되고 있다.

(a) 자동차광 용접면 1

(b) 자동차광 용접면 2

(c) 자동차광 용접고글

(d) 수동면 부착용 자동차광 유리

[그림 1.1.3] 자동 차광 용접면의 종류

2. 보호의 준비하기

① 용접 실습 중 신체에 대한 부상 방지를 위해 아래 보호의를 반드시 착용하도록 한다.

(a) 용접 장갑

(b) 용접 두건(청 재질)

(c) 용접 자켓

(d) 용접 바지

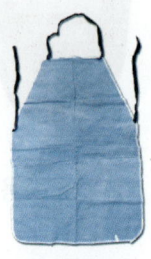
(e) 용접 앞치마

(f) 용접 팔덮개

(g) 용접 안전화

(h) 용접 발덮개

[그림 1.1.4] 용접 보호의복 종류

3. 용접마스크 및 귀마개 준비하기

용접 작업 중 발생하는 금속 흄가스, 분진, 금속가루 등이 호흡기를 통해 인체 내에 축적되지 않도록 용접 실습 중에는 반드시 마스크를 착용하도록 한다. 방진마스크는 반드시 1급을 착용하도록 한다. 또한 절단 및 연마 작업 시 가공실 등에서는 보호 안경 또는 귀마개를 반드시 착용하도록 한다.

(a) 용접용 방독마스크

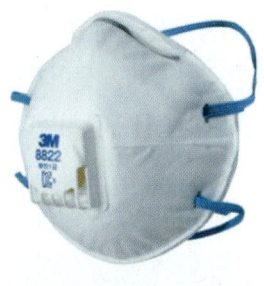

(b) 방진마스크 1급

(c) 헤드밴드형 귀마개

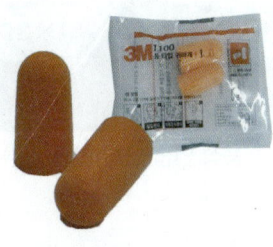

(d) 이어플러그형 귀마개

[그림 1.1.5] 용접 마스크 및 귀마개의 종류

제 2 절 재료준비

1. 용접 모재 준비하기

V형 맞대기용접을 위한 용접시편을 준비한다. 이산화탄소가스아크용접기능사 실기시험에 출제되는 모재는 일반 구조용강 SS400 재질을 사용하며 시험편의 규격은 각각 t6×100w×150L, t9×125w×150L, t9×150×250L을 사용하게 된다. 모재의 가공은 유압전단기 또는 레이저 절단 방법을 이용하여 절단을 진행한 후 밀링가공, 가스절단 또는 그라인더 가공을 통해 30~35° 개선 가공을 하게 된다. 하지만 본 교재에서는 이러한 가공 준비에 들어가는 시간을 줄이고자 [그림 1.2.1]과 같이 시중에서 판매되는 용접 압연시편을 준비하여 실습을 진행하였다.

① 용접 연습 모재는 t6×30w×150L, t9×30w×150L를 각각 5매 준비한다.

(a) 용접 연습 모재(압연시편)

(b) t6, t9 각각 5매씩 준비

[그림 1.2.1] 압연시편 준비

② 용접 연습 모재인 압연시편의 베벨각에 피막을 제거하기 위하여 그라인더로 가공한다.

(a) 개선면 피막 제거

(b) 루트면 그라인더 가공

[그림 1.2.2] 개선면 피막 제거 및 루트면 그라인더 가공

③ 그라인더 가공 후 모재의 뒷면에 거스러미가 발생하기 때문에 줄 가공으로 제거한다.

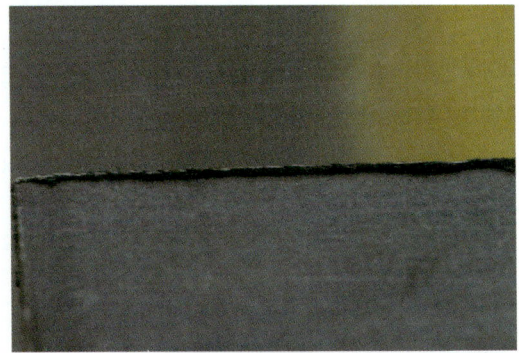
(a) 루트 이면 거스러미

(b) 루트 이면 거스러미 줄 가공

(c) 루트면 줄 가공

(d) 루트면 측정

[그림 1.2.3] 루트면 줄 가공 및 측정

④ 루트면은 2mm±0.5로 가공하며 가공면이 거칠기 때문에 줄 가공으로 마무리한다.
⑤ 용접게이지를 이용하여 개선각도를 측정한다. 개선각도는 30~35° 범위 내로 한다.

[그림 1.2.4] 개선각도 측정

2. 용접와이어 준비하기

CO_2 용접용 와이어는 크게 2가지로 나눌 수 있다. 이산화탄소가스아크용접기능사 자격시험에서는 솔리드와이어와 플럭스코어드와이어를 둘 다 사용하며 용접산업기사또는 용접기능장 자격시험에서는 플럭스코어드와이어를 사용하고 용접기사 자격시험에서는 솔리드와이어를 사용한다. 용접와이어는 육안으로 쉽게 구별할 수 있으니 확인 후 용접해야 한다.

(a) 솔리드와이어 (b) 플럭스 코어드 와이어

[그림 1.2.5] CO_2 용접용 와이어의 종류

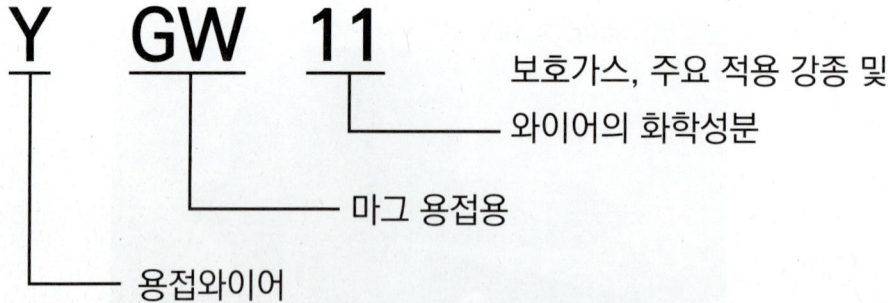

[그림 1.2.6] CO_2 용접와이어의 기호

3. 치공구 준비하기

용접 연습에 필요한 치공구는 [그림 1.2.7]과 같다.

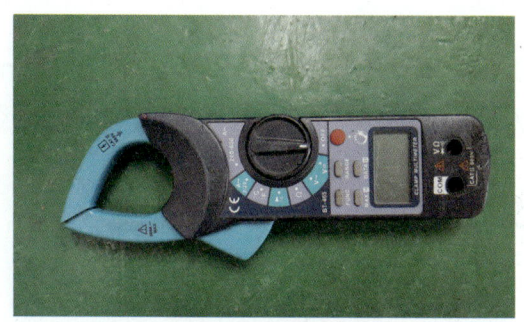
(a) 전류계(클램프 미터)

(b) 자석

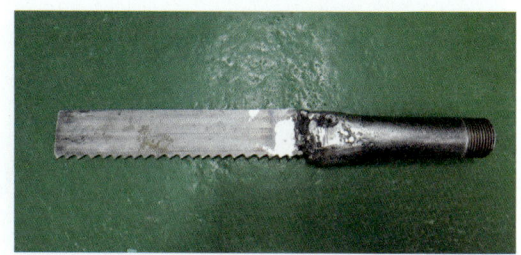
(c) 비드칼

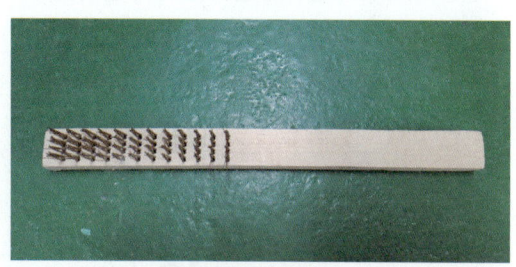
(d) 와이어 브러시

(e) 줄

(f) 슬래그 해머

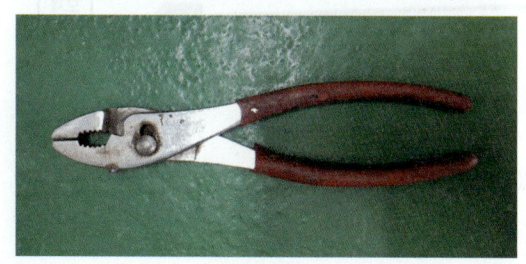
(g) 플라이어

(h) 강철자

[그림 1.2.7] 용접 치공구의 종류

제3절 장비설치

1. CO_2 용접장비설치하기

CO_2 용접장치의 구성을 나타낸 것으로, 주요 장치에는 용접전원(Power Source), 제어장치(Control Unit), 보호가스공급장치(Shield Gas Supply Unit), 용접토치(Welding Torch), 와이어송급장치(Wire Feeder)가 있다.

CO_2 용접장비의 설치 장소는 다음과 같다.
① 습기와 먼지 없거나 적은 곳에 설치한다.
② 바닥이 수평이고 견고한 곳에 설치한다.
③ 벽에서 300mm 떨어진 곳에 설치한다.
④ 주위 온도가 -10~40℃를 유지하는 곳에 설치한다.
⑤ 비나 바람이 없는 곳에 설치한다.

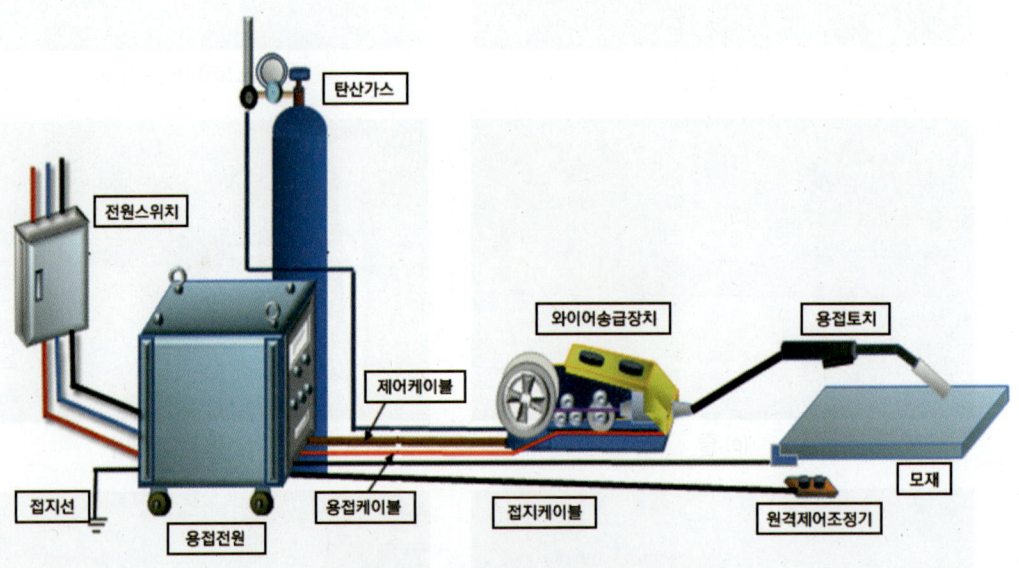

[그림 1.3.1] CO_2 용접 장비의 구성도

2. 전면에 케이블 연결하기

CO_2 용접기 전면에는 어스케이블, 토치케이블, 가스호스, 전원케이블로 구성되어 있다. 용접기마다 전면 케이블을 연결 구성은 다르므로 케이블의 연결을 확인할 필요가 있다.

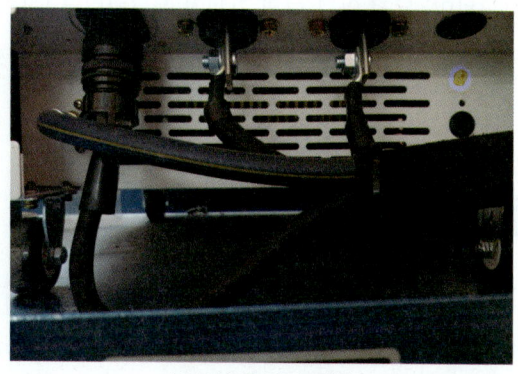
(a) P사 용접기 전면

(b) S사 용접기 전면

[그림 1.3.2] 용접기 전면부 케이블 및 호스 연결

3. CO_2 용접토치의 구성 파악하기

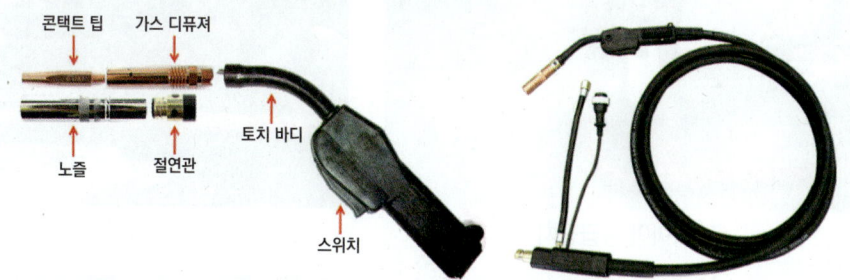

[그림 1.3.3] 용접기 각부 명칭 이해

용접토치의 부품별 기능은 다음과 같다.
① 토치바디(Torch Body) : 토치 손잡이로부터 아크 발생 지점까지의 거리를 만들어 용접 시 용접부의 복사열이 손에 닿는 것을 방지하기 위함이다. 구조를 단순하고 유연성이 없도록 하여 용접사가 요구하는 대로 토치 끝단을 움직일 수 있도록 해야 한다.
② 절연관(Insulator) : 토치바디와 노즐을 연결하는 중간 부품으로 기계적으로는 확실히 연결하게 되지만, 전기적으로는 완전히 절연되어야 한다. 노즐을 지지하며 용접열을 노즐로부터 간접적으로 받게 되므로 절연성, 내열성, 강도를 모두 만족시키는 구조와 재질을 사용해야 한다.
③ 가스디퓨저(Gas Diffuser) : CO_2 용접기로부터 공급되는 탄산가스를 가스디퓨저를 통해 모재까지 전달된다. 가스디퓨저의 홀은 정확히 가공되어야 하며 막힘이 없어야 한다.

④ 콘택트팁(Contact Tip) : 토치바디 및 가스디퓨저를 통해 팁까지 전달되는 전력을 와이어에 전달하고 와이어를 용접사가 요구하는 위치까지 안내하는 역할을 하며 정확한 팁 내경과 내마모성이 우수한 재질로 만들어져야 한다.

⑤ 노즐(Nozzle) : 토치바디를 통해 공급되는 CO_2 가스를 용접부까지 안내하여 용접부 용융 금속 전체 부위를 균일하게 보호할 수 있도록 분산 공급하며, 용접 아크 부위 가까이 접근하므로 내열성이 우수한 재질이어야 한다. 노즐에 흡수된 열을 빨리 방출할 수 있도록 열전도율이 좋아야 하고, 용접 중 스패터가 잘 붙지 않아야 한다.

4. CO_2 용접와이어 교체하기

CO_2 용접에서 와이어를 교체하는 방법은 다음과 같다.

① 교체할 와이어를 준비하고 와이어 송급장치에 와이어 방향이 밑으로 향하게 설치한다. 이어 송급롤러에 와이어를 통과시켜 와이어 가이드에 넣는다.

(a) 와이어 송급장치

(b) 와이어 방향 확인

(c) 송급장치 각부 명칭

(d) 와이어 가이드에 와이어 삽입

[그림 1.3.4] 와이어 설치

② 가입핸들을 올려 끼운 후 용접토치의 콘택트팁을 뺀다. 이는 와이어가 송급하면 토치끝에서 걸려 나오지 않기 때문이다.

(a) 와이어 송급장치

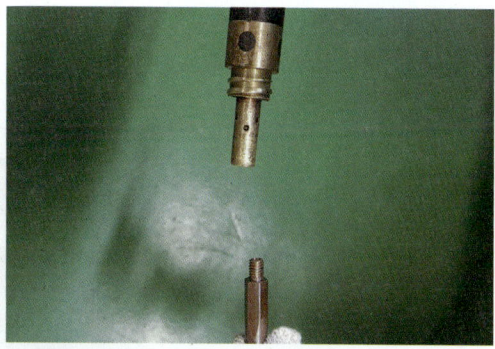
(b) 와이어 방향 확인

[그림 1.3.5] 와이어 송급 준비

③ 인칭스위치를 눌러 와이어를 토치로 송급시킨다. 전류를 높게 설정하면 와이어의 송급 속도는 빨라진다. 와이어가 용접토치 끝으로 나오면 콘택트팁과 노즐을 장착한다.

(a) 인칭 스위치 작동

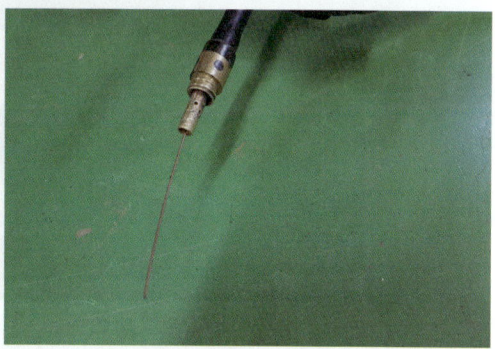
(b) 와이어 위치 확인

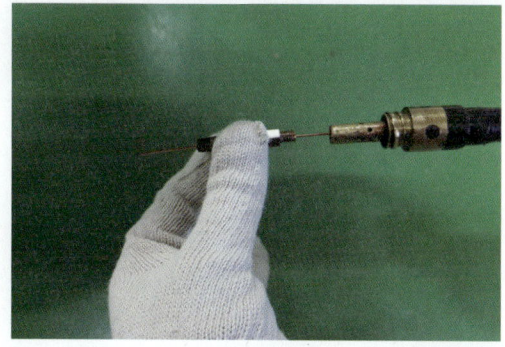
(c) 콘택트 팁 조립

(d) 노즐 조립

[그림 1.3.6] 와이어 송급 및 조립

5. 용접장비 시운전하기

CO_2 용접 전 시운전하는 방법은 다음과 같다.

① CO_2 용접기의 메인 스위치를 ON 하고 용접 장비도 ON 한다.

(a) 메인 스위치

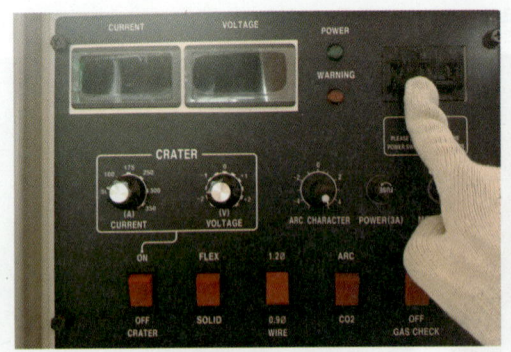 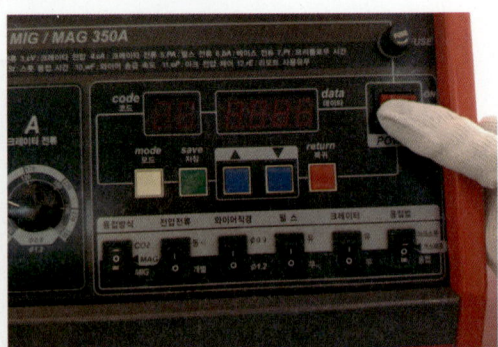

(b) P사 용접기 전원 (c) S사 용접기 전원

[그림 1.3.7] 용접기 전원

② 가스밸브를 열고 가스 유량을 확인한다. 가스 유량은 유량조절밸브를 조절하여 10~15ℓ/min으로 설정한다.

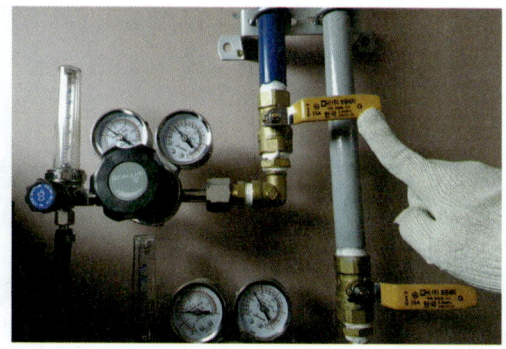
(a) 가스밸브

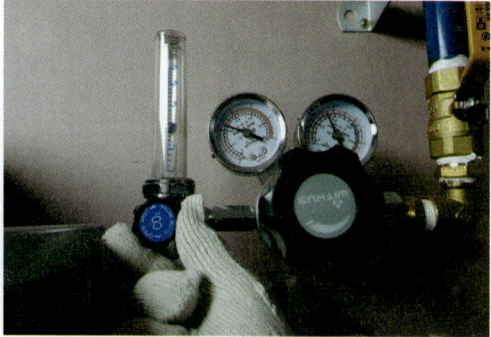
(b) 가스 유량 조절

[그림 1.3.8] 보호가스 조절

③ 가스 공급 체크 및 유량을 확인하기 위해 용접기의 가스 체크 버튼을 누른다. 용접토치스위치를 눌러도 가스 체크 및 유량 확인이 가능하지만 와이어가 송급되기 때문에 용접기의 가스 체크 버튼을 누르는 것이 경제적이다.

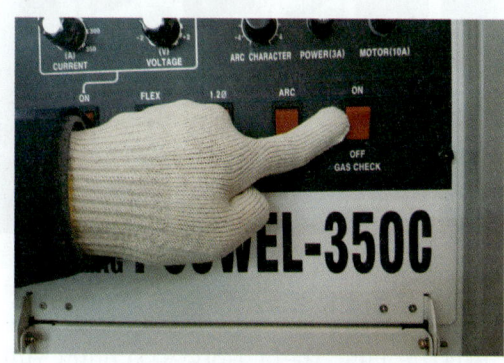
(a) P사 용접기 가스 체크

(b) S사 용접기 가스 체크

[그림 1.3.9] 가스 체크

④ 용접기의 크레이터 설정을 한다. 일반적으로 가용접에서는 크레이터를 무에 설정하고 본용접에서는 유로 설정하는 것이 편리하다.

(a) P사 용접기 크레이터 조작　　　　　(b) S사 용접기 크레이터 조작

[그림 1.3.10] 크레이터 조작

⑤ 아크 발생을 위해 전압 및 전류를 설정한다.

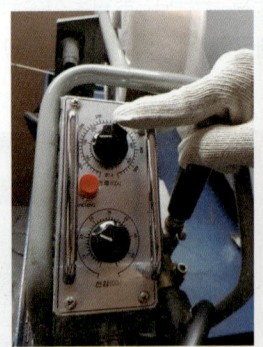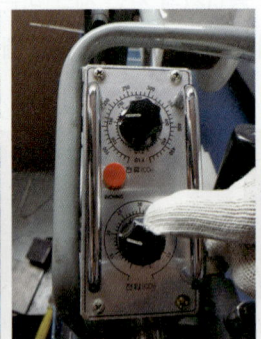

(a) P사 용접기 전류 및 전압 설정　　　　　(b) S사 용접기 전류 및 전압 설정

[그림 1.3.11] 용접 전류 및 전압 설정

⑥ 전류 150A, 전압 20V로 설정한 후 아크를 발생시켜 본다. 전류와 전압은 용접기마다 차이가 있으므로 여기의 전류 전압값은 참고 사항이다.

[그림 1.3.12] 아크 발생

6. CO_2 용접장비 점검 및 정비 방법 파악하기

CO_2 용접기 이상 시 간단한 점검 및 정비 방법은 다음과 같다.

① 아크가 발생하지 않는다.

[표 1.3.1] 고장 원인에 따른 보수 및 정비 방법

고장 원인	보수 및 정비 방법
메인 또는 용접기 전원 스위치 OFF	전원 스위치 ON(접속)
FUSE 단락	전원을 점검하고 이상 없으면 FUSE 교환
토치 또는 모재 측 케이블 불량 또는 단선	접지선을 모재에 연결, 전선 단락의 경우 전선 연결
이상 표시등 점등	기기의 이상 유무 점검
제어 케이블 단선, 전자 접촉기 릴레이 작동 불량으로 와이어 송급 불가	케이블 점검·교환, 릴레이 접점 청소·교환
PCB 접촉 불량	PCB 교체

② 전류, 전압 조정이 안 된다.

[표 1.3.2] 고장 원인에 따른 보수 및 정비 방법

고장 원인	보수 및 정비 방법
전류, 전압 조정 VR(노브) 불량	전류, 전압 조정 VR(노브) 교체
PCB 접촉 불량	PCB 교체
전원케이블 단선	전원케이블 점검 및 정비

③ 가스가 계속 방류된다.

[표 1.3.3] 고장 원인에 따른 보수 및 정비 방법

고장 원인	보수 및 정비 방법
가스 점검(시험, 가스 조정)스위치 선택됨	점검을 용접으로 전환
가스전자밸브 이상	가스전자밸브 교환
PCB기판 이상	용접기 전원, PCB를 점검 및 교환

④ 가스가 나오지 않거나 불량하다.

[표 1.3.4] 고장 원인에 따른 보수 및 정비 방법

고장 원인	보수 및 정비 방법
메인 또는 용접기 전원 스위치 OFF	전원 스위치 ON(접속)
압력용기에 가스가 없거나 밸브(유량밸브) 닫힘	가스용기 교환 또는 용기 밸브(유량계) 개방
FUSE 단락, 또는 전원 스위치 OFF	전원을 점검하고 이상 없으면 FUSE 점검 및 교환
전자밸브 작동 불가	전자밸브 점검 및 교환
가스호스 터지거나 막힘	가스 호스 점검 및 교환
유량계 작동 불량 및 고장	유량계 수리 및 교환
PCB 접촉 불량	PCB 교체
가스 압력이 너무 높거나 낮음	압력 조절
CO_2 조정기의 가열기(heater) 결빙	가열기 전원 점검·수리·교환

⑤ 토치 스위치를 ON 해도 와이어가 송급되거나 통전되지 않는다.

[표 1.3.5] 고장 원인에 따른 보수 및 정비 방법

고장 원인	보수 및 정비 방법
토치 스위치 고장 또는 접촉 불량	스위치 점검, 청소, 교환
와이어가 팁 끝에 단락	팁 끝을 줄로 갈아서 단락부 제거 또는 팁 교환
PCB 기판 불량	PCB 점검, 교환
팁, 노즐의 체결 불량 등으로 전기 접촉 불량	팁을 확실히 조임, 또는 교환
스패터 및 불순물이 팁 구멍을 막음	팁 구멍을 팁클리너와 줄로 청소

⑥ 인칭 스위치를 눌러도 와이어 송급이 안 된다.

[표 1.3.6] 고장 원인에 따른 보수 및 정비 방법

고장 원인	보수 및 정비 방법
제어 케이블 단선, PCB 불량	제어 케이블 및 PCB 점검·결선 또는 교환
전류가 너무 낮게 조절되어 있음	전류를 높임
송급 모터 및 퓨즈 고장	송급 모터 점검·수리·교환
스패터 및 불순물이 팁 구멍을 막음	팁 구멍을 팁클리너와 줄로 청소

제2장

이산화탄소가스아크용접기능사 실기

제2장
솔리드와이어 맞대기용접

제1절   비드쌓기
제2절   가용접
제3절   맞대기용접

제1절 비드쌓기

1. 아래보기 자세 비드쌓기

CO_2 용접을 하기 위해 비드쌓기는 기본이라 할 수 있다. 비드쌓기를 하면 용융지를 확인하고 용접 전류 및 전압의 올바른 설정값을 파악할 수 있다. 또한, 용접 비드의 폭과 높이를 일정하게 유지하는 용접방법을 익힐 수 있으므로 비드쌓기 연습을 충분히 하는 것이 바람직하다.

(1) 모재 준비

9t 연강판에 약 10~15mm의 선을 긋는다.
① 석필이나 금긋기 바늘을 이용하여 선을 긋는다.
② 선은 한 줄 긋고 용접 후 다음 용접할 선을 긋는다. 미리 선을 그어 놓으면 용접 도중 선이 지워질 수 있으니 한 줄씩 긋고 비드쌓기를 연습한다.
③ 모재의 양쪽에서 약 10mm 안쪽으로 선을 긋는다.

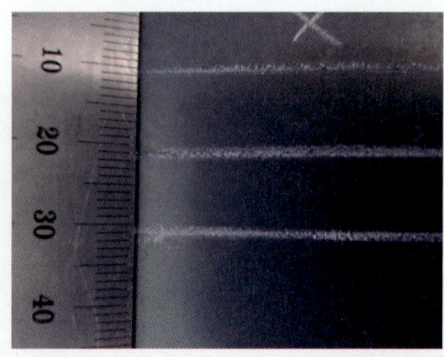 

[그림 2.1.1] 모재에 용접선 긋기

(2) 아래보기 자세 비드쌓기 방법

- 비드폭 : 10~15mm
- 비드의 높이 : 2.5mm 이내
- 용접 전류 및 전압 : 125~135A, 21~23V(용접기마다 차이가 있음)

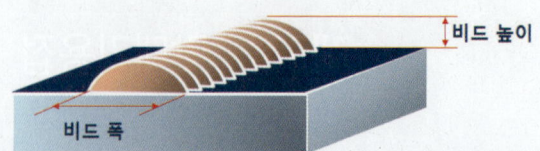

[그림 2.1.2] 비드쌓기의 비드폭과 높이

① 용접지그를 이용하여 모재를 허리 정도의 높이로 고정시킨다.

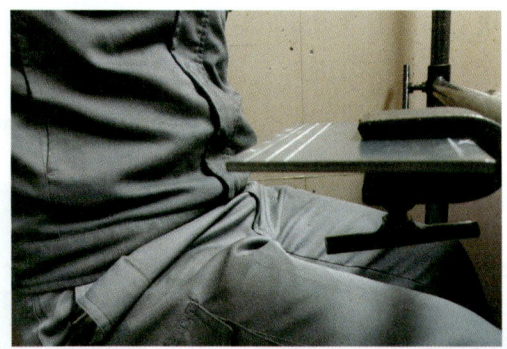

[그림 2.1.3] 아래보기 자세로 모재 고정

② 용접와이어의 돌출 길이는 약 10~15mm이며, 토치의 각도는 진행각 70~80°, 작업각 90°를 유지한다.

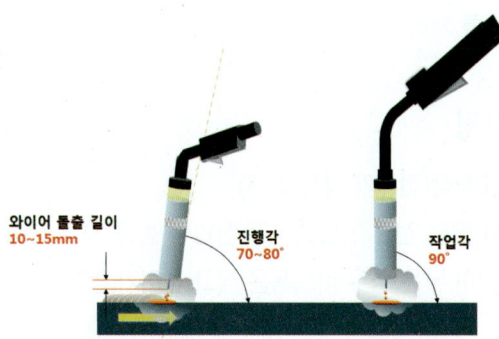

[그림 2.1.4] 와이어의 돌출 길이와 토치의 각도

③ 아크 발생은 모재에서 약 10mm 앞에서 아크를 발생시키고, 아크 길이를 약간 길게 하여 시작부로 이동 후 용접을 진행한다.

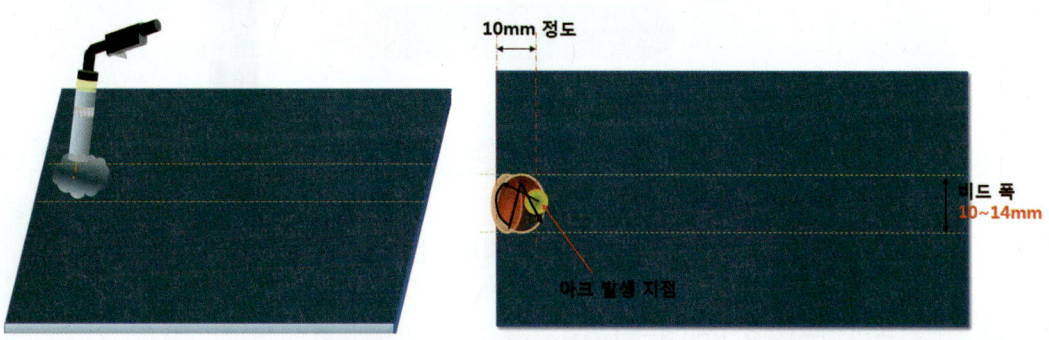

[그림 2.1.5] 시작부 아크 발생 방법

④ 용접 위빙은 비드의 폭의 양 끝에서 머물러 주고, 용착 상태를 보고, 위빙의 폭과 피치를 일정하게 유지하며 용접한다. 용접와이어는 선 밖으로 벗어나지 않도록 용접해야 하며 와이어의 돌출 길이가 일정하게 유지되도록 용접을 진행한다.

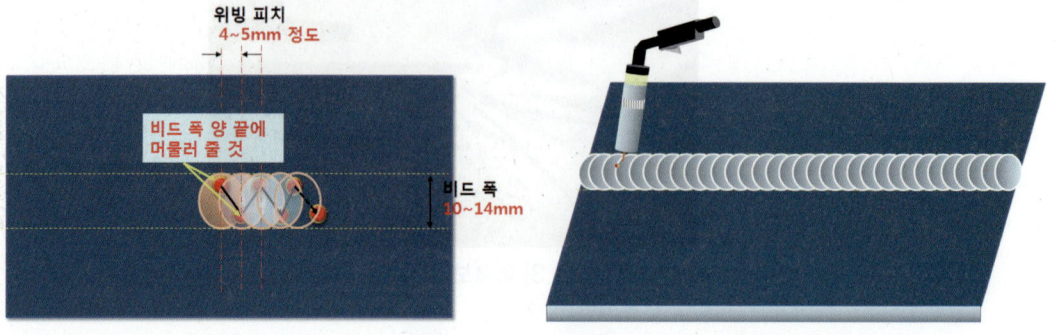

[그림 2.1.6] 위빙 방법

⑤ 아크를 중단하면 안 되며 용접의 끝부분에 도달하면 아크 발생을 중단하고 바로 아크 발생을 하여 크레이터를 처리한다.

(3) 용접 조건 설정

① 전압과 비드의 형상(전류가 일정할 때)

용접 조건에서 용접 전류가 일정하고 전압이 높을 경우 비드가 용접길이 방향으로 길고 높게 형성되고, 전압이 낮은 경우 비드폭은 작고 높이가 높게 형성된다.

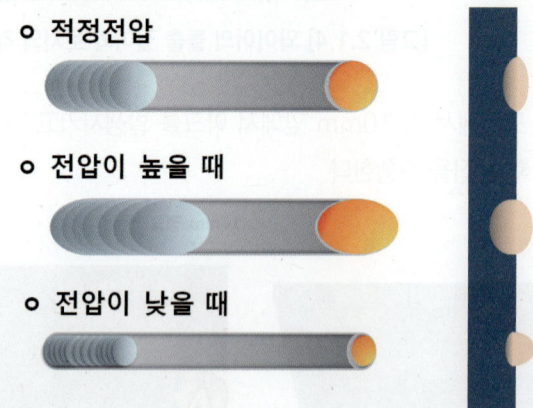

[그림 2.1.7] 아래보기 자세의 전압에 따른 비드의 형상

② 토치 각도(진행각)와 비드의 형상

용접토치의 각도(진행각)가 모재에서 작은 경우, 용접비드가 용접선의 길이 방향으로 길게 형성되므로 용접토치의 각도가 중요하다.

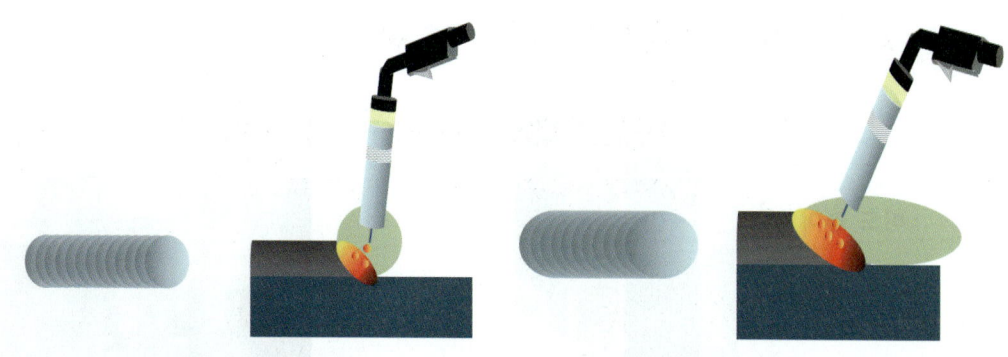

(a) 적절한 용접토치의 각도   (b) 잘못된 용접토치의 각도

[그림 2.1.8] 아래보기 자세의 토치 각도에 따른 비드의 형상

③ 위빙과 비드의 형상

    석필 등으로 용접 비드폭을 표시하고 좌우 양 끝에 머물러 주며 일정한 피치가 형성되도록 연습한다.

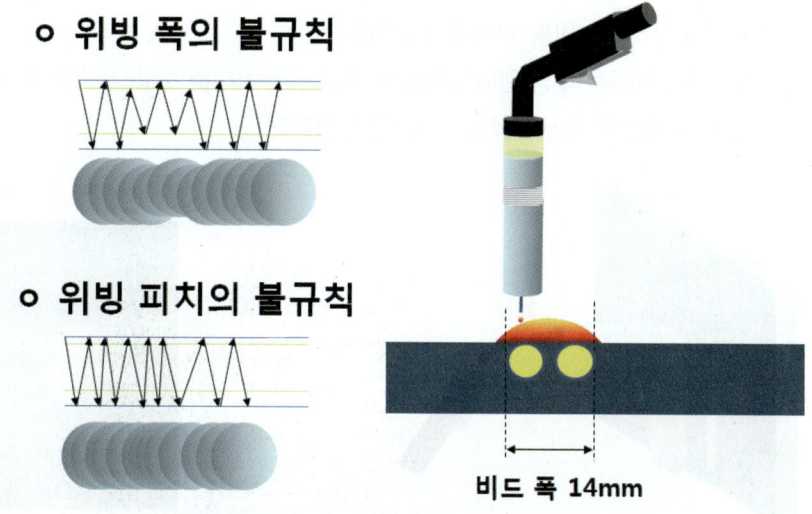

[그림 2.1.9] 아래보기 자세의 위빙에 따른 비드의 형상

2. 수직 자세 비드쌓기

(1) 수직 자세 비드쌓기 방법

- 비드폭 : 10~15mm
- 비드의 높이 : 2.5mm 이내
- 용접 전류 및 전압 : 115~125A, 19~21V(용접기마다 차이가 있음)

① 용접 지그를 이용하여 모재를 허리에서 가슴 정도 높이로 고정시킨다.

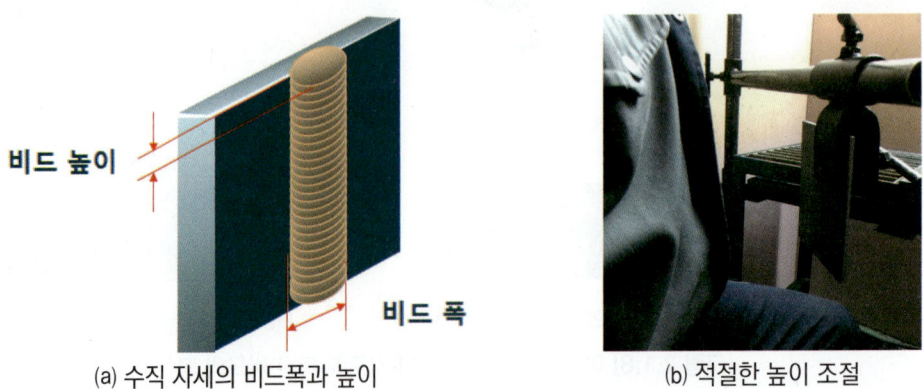

(a) 수직 자세의 비드폭과 높이   (b) 적절한 높이 조절

[그림 2.1.10] 수직 자세로 지그에 모재 고정

② 용접와이어의 돌출 길이는 약 10~15mm이며 토치의 각도는 진행각 85~90°, 작업각 90°를 유지한다. 아크 발생은 모재 시작점의 약 10mm 앞에서 아크를 발생시키고 아크 길이를 약간 길게 하여 시작부로 이동 후 용접을 진행한다.

③ 용접 위빙은 비드폭의 양 끝에서 머물러 주고 용착 상태를 보고, 위빙의 폭을 일정하게 유지하며, 위빙 피치는 약 3mm 정도 간격으로 용접한다.

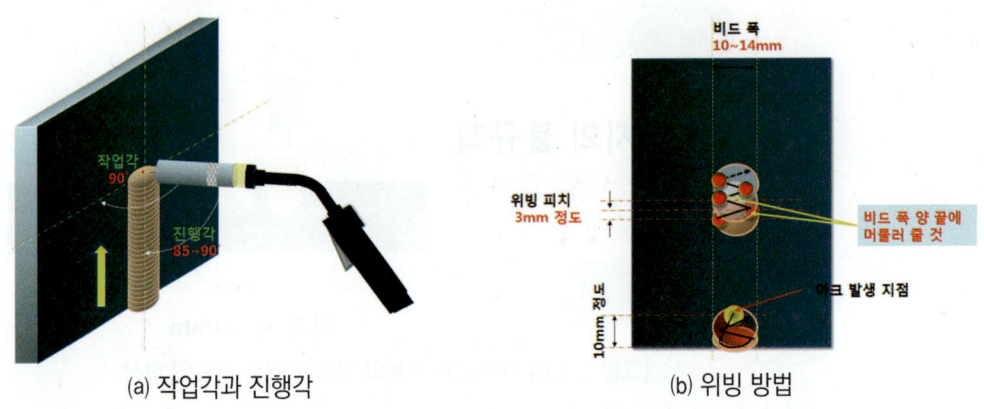

(a) 작업각과 진행각   (b) 위빙 방법

[그림 2.1.11] 수직 자세 용접 방법

(2) 용접 조건 설정

① 용접 전류와 비드의 형상(전압이 일정할 경우)

수직 자세에서 용접전압이 일정하고 전류가 높을 경우 용입이 깊고 용접길이 방향으로 비드가 길게 형성되며 비드 높이가 높고, 전압이 낮을 경우 용입이 낮고 비드 높이가 높아진다.

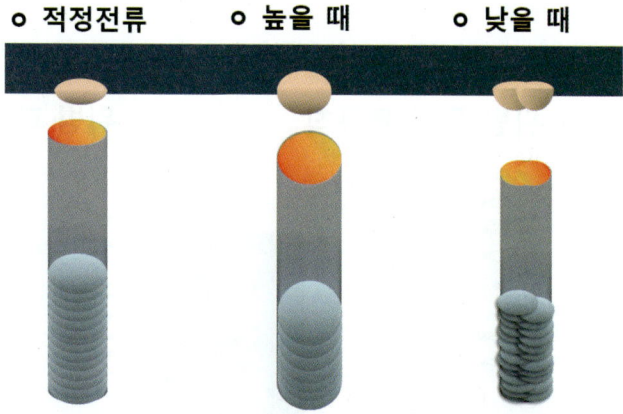

[그림 2.1.12] 수직 자세의 전류에 따른 비드의 형상

② 토치 각도(진행각)에 따른 비드의 형성

용접토치의 각도(진행각)가 90°보다 낮은 경우 비드폭이 길게 형성된다. 용접토치의 각도는 모재와 토치가 90°가 가장 이상적이다.

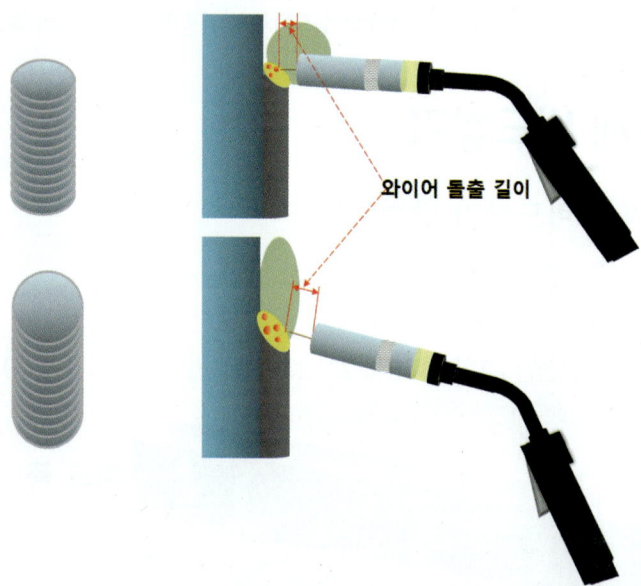

[그림 2.1.13] 수직 자세의 토치 각도에 따른 비드의 형상

③ 위빙과 비드의 형상

토치의 위빙에서 위빙폭과 피치가 일정하지 않으면, 비드폭과 피치의 간격이 일정하지 않다.

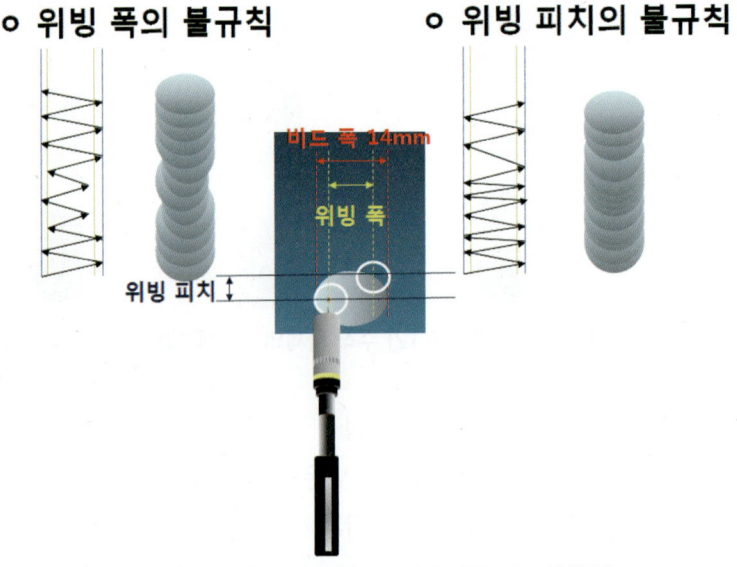

[그림 2.1.14] 수직자세의 위빙에 따른 비드의 형상

3. 수평 자세 비드쌓기

(1) 수평 자세 비드쌓기 방법

- 비드폭 : 8~10mm
- 비드의 높이 : 2.5mm 이내
- 용접 전류 및 전압 : 125~135A, 21~23V(용접기마다 차이가 있음)

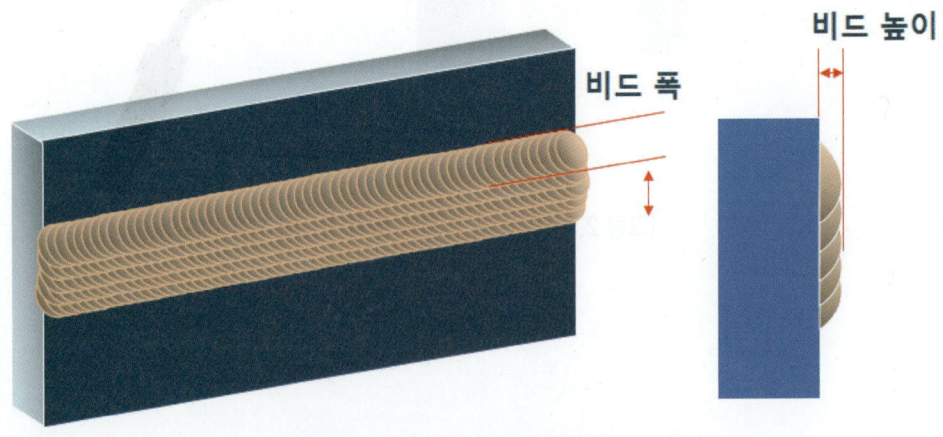

[그림 2.1.15] 수직 자세의 비드폭과 높이

① 용접지그를 이용하여 모재를 허리에서 가슴 정도 높이로 고정시킨다.

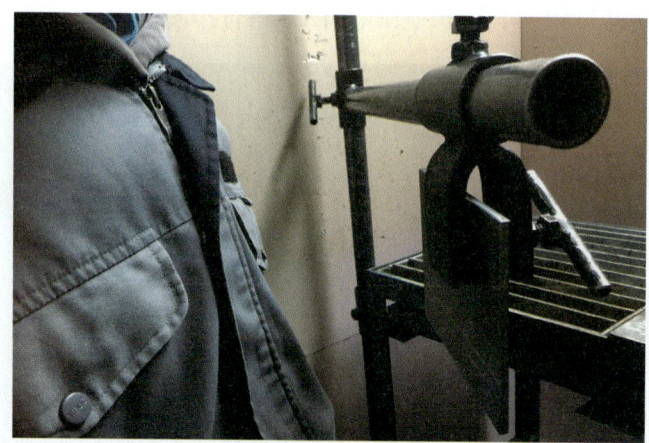

[그림 2.1.16] 수평 자세 모재의 고정

② 용접와이어의 돌출 길이는 약 10~15mm이며, 토치의 각도는 진행각 85~90°, 작업각 85~90°를 유지한다.

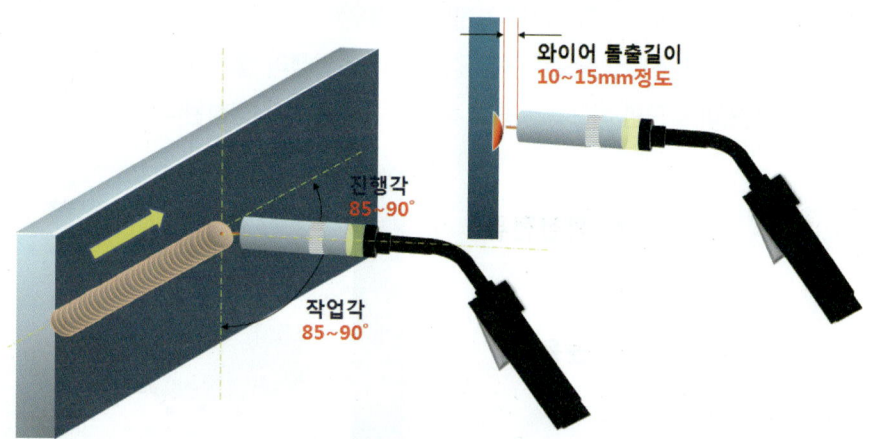

[그림 2.1.17] 수평 자세의 진행각과 작업각 및 와이어의 돌출 길이

③ 용융지 위쪽에서 머물러 앞쪽 용융지의 크기와 같게 용융지를 만들고 그 용융지 아래 끝 쪽으로 이동하였다가 약간 빠르게 위로 이동을 반복한다.

④ 용접 위빙은 비드폭의 양 끝에서 머물러 주고, 용착 상태를 보고 위빙의 폭을 일정하게 유지하며, 위빙 피치는 약 3mm 정도 간격으로 용접한다.

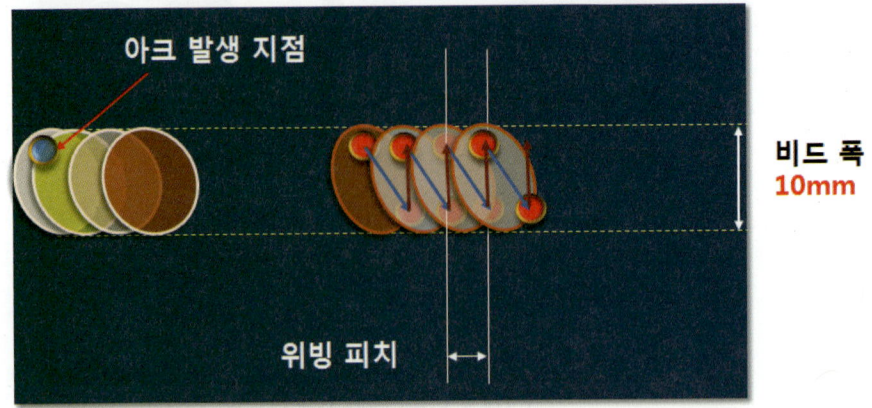

[그림 2.1.18] 아크 발생 및 위빙 방법

(2) 용접 조건 설정

① 용접전압과 비드의 형상(전류가 일정할 경우)

용접전압이 필요 이상으로 높은 경우 스패터 발생이 많고 비드 모양이 밑으로 처진다. 반면 용접 전압이 낮으면 비드폭은 좁고 비드의 높이는 높게 형성된다.

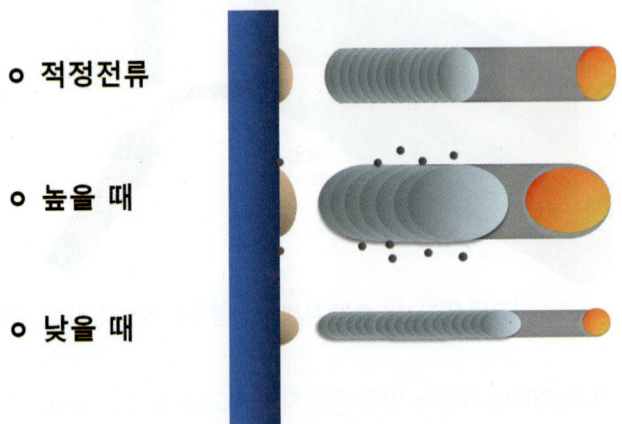

[그림 2.1.19] 수평 자세의 용접 전압에 따른 비드의 형상

② 토치 각도(진행각)에 따른 비드의 형성

수평 자세에서 진행각이 85~90°보다 작을 경우, 비드 모양은 용접길이 방향으로 길게 형성된다.

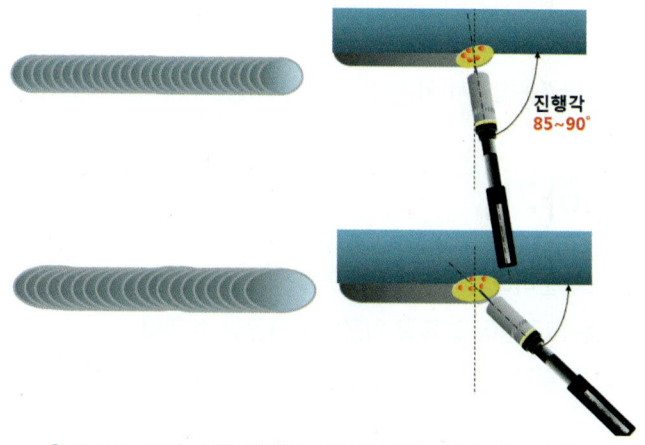

[그림 2.1.20] 수평 자세의 토치 각도에 따른 비드의 형성

③ 와이어 돌출 길이와 비드의 형상

와이어의 돌출 길이가 길면 스패터 발생은 많아지고 비드폭이 넓게 형성된다.

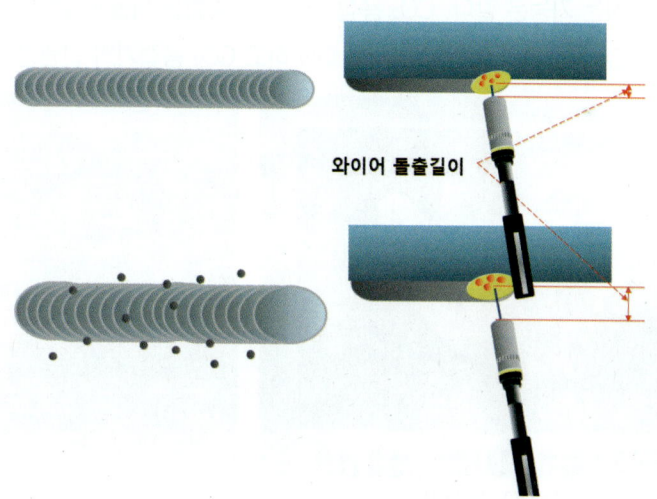

[그림 2.1.21] 와이어의 돌출 길이에 따른 비드의 형상

제2절 가용접

CO_2 용접 가용접을 하기 위하여 모재 가공 및 가용접의 준비 작업을 해야 한다. 가용접은 일반적으로 맞대기용접을 위해 루트면을 가공하고 모재와 모재의 간격을 벌려 루트 간격을 고정하기 위해 시작부와 끝부에 가용접을 한다. 이는 맞대기용접에서 이면비드를 형성하는 데 중요한 요소이다.

1. 모재 가공하기

① 모재 가공은 모재 준비하기와 같이 루트면을 약 1.5~2.0mm 가공한다.
② 모재 가공에서는 그라인더 및 줄을 이용하여 가공할 수 있다.
③ 그라인더 가공 후 줄가공으로 마무리 작업을 해야 한다.

2. 가용접하기

가용접 전 용접기를 세팅하는 방법은 용접기마다 약간의 차이가 있다. 이것은 용접기의 조작 방법의 차이인데 조작하는 기능은 같다. CO_2 용접기의 세팅 방법은 다음과 같다.

① 분전반에 CO_2 용접기의 메인 스위치를 ON 하고 CO_2 용접기의 전원을 ON 한다.

(a) P사 CO_2 용접기

(b) S사 CO_2 용접기

[그림 2.2.1] 용접기 전원 ON

② 가스밸브를 열고 가스 유량을 확인한다.
- 용기의 가스 체크 기능을 사용하면 가스 유량을 설정하는 데 편리하다.
- 가스 유량은 10~15ℓ/min으로 설정한다.

(a) 가스밸브 개방   (b) 가스 유량 조절

[그림 2.2.2] 보호가스 설정

③ 크레이터를 무로 설정한다.
- 가용접에서는 짧은 용접으로, 크레이터를 무로 설정하는 것이 좋다.
- 용접기마다 크레이터를 조작하는 방법에 차이가 있다.
- 크레이터 무로 설정 시 크레이터 전류는 무시하여도 된다.

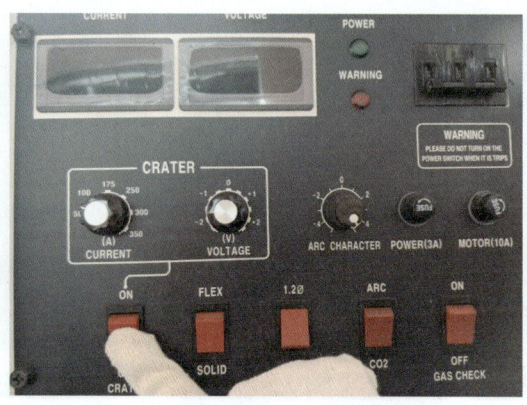 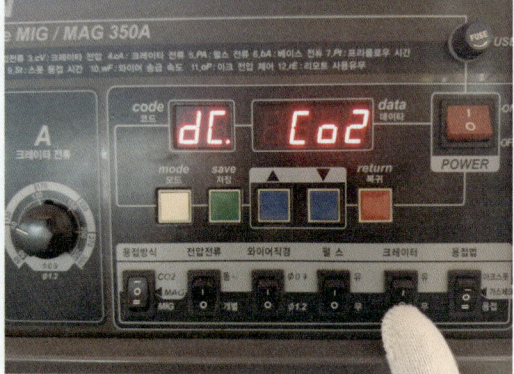

(a) P사 CO_2 용접기 크레이터 조작   (b) S사 CO_2 용접기 크레이터 조작

[그림 2.2.3] 크레이터 설정

④ 가공된 모재를 준비하고 루트간격을 설정한다.
- 루트 간격을 Ø3.2 피복아크용접봉의 심선으로 고정한다. 이때 자석을 이용하면 루트 간격을 유지하는 데 편리하다.

(a) 루트 간격 고정   (b) 루트 간격 확인

[그림 2.2.4] 루트 간격 설정

⑤ 가용접 전류와 전압을 설정한 후 시작부와 종점에 가용접을 한다. 이때 가용접의 길이는 20mm 이내로 하며, 가용접의 두께는 모재의 두께의 약 50% 정도가 좋다.
- 용접와이어 끝이 용융되어 있으면 니퍼를 이용하면 용융부를 제거하여 준 후 용접와이어의 돌출 길이를 노즐에서 모재까지 약 15mm로 설정한다.

(a) 와이어 절단   (b) 와이어 돌출 길이 확인

[그림 2.2.5] 용가재 설정

- 가용접은 한쪽 모재의 베벨각에 아크를 발생시켜 용착금속을 형성한 후 다른 한쪽으로 이동하고 약 20mm 정도 지그재그로 위빙하여 가용접을 한다.

(a) 가용접 방법 1   (b) 가용접 방법 2

[그림 2.2.6] 올바른 가용접 방법

- 한쪽의 가용접이 끝나면 다른 한쪽도 가용접을 해야 하는데 가용접부의 열에 의한 수축이 발생할 수 있기 때문에 루트 간격의 확인은 필수 사항이다.

 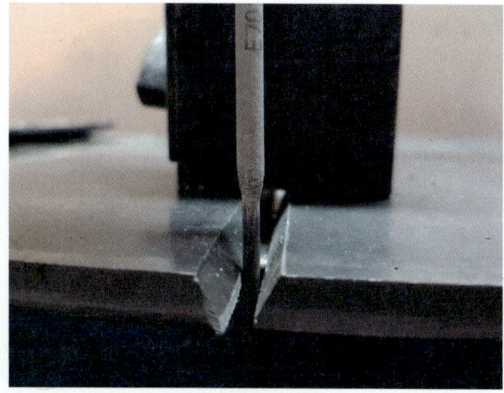

(a) 가용접 확인   (b) 반대쪽 가접

[그림 2.2.7] 가용접 실시

- P사의 CO_2 용접기의 경우 가용접 전류는 120A, 가용접 전압은 20V로 설정하고 S사의 CO_2 용접기의 경우 가용접 전류 100A, 가용접 전압은 19V로 설정한다. CO_2 용접기의 경우 제조사 및 용접기의 제조 연식에 따라 전류와 전압값에 차이가 있으므로 여기의 값은 참고 사항이다.

(a) 올바른 가용접   (b) 잘못된 가용접

[그림 2.2.8] 가용접 시험편 확인

- 그림 ⒜는 올바른 가접이고 ⒝는 잘못된 가접이다. ⒝의 경우 가접 길이가 짧고 가접의 높이가 높기 때문이다. 가용접의 길이가 짧으면 맞대기용접에서 이면비드를 용접할 경우 루트 간격이 열에 의해 수축될 수 있고, 가용접부가 높으면 비드의 높이가 시작부와 끝부분의 이면비드가 연결되기 어렵기 때문이다.

제3절 맞대기용접

1. 아래보기 자세 맞대기용접

(1) 1층 용접하기(이면비드 용접)

① 용접에 필요한 공구 준비하고 안전보호구를 착용한다.
② 가접된 모재 아래보기 자세로 용접지그에 고정한다.
③ 용접기의 전류 및 전압을 설정한다. (용접기마다 차이가 있음)
  - 용접 전류 : 115~125A, 용접 전압 : 19~21V
  - 용접 전류와 전압을 설정하기 위해서 맞대기 연습용 모재를 준비한 후 참고값을 기준으로 설정한다. 연습용 모재에 1차 이면비드 용접 후 검사하여 이면비드의 형상을 확인한다. 용입이 안 된 경우 용접 전압과 전류를 높여 연습용 모재에 반복하여 용접한다. 이 과정을 통해 적정 용접 전압과 전류를 찾을 수 있다. 단, CO_2 용접에서 맞대기용접을 완료하는 시간이 정해져 있으니 시간을 체크하며 연습용 모재를 사용하는 것이 좋다.
④ 용접토치의 노즐 안을 확인하여 스패터를 제거한다.
  - 용접토치의 노즐 안에 스패터가 부착량이 많으면 탄산가스가 용융지를 보호할 수 없어 용접 결함을 야기하기 때문에 용접 시작에 앞서 노즐 안을 깨끗이 청소해야 한다.

(a) 노즐 안 스패터 확인

(b) 노즐 안 스패터 제거

[그림 2.3.1] 노즐 내부 청결 상태 확인

⑤ 모재 양쪽 루트면 사이에서 운봉하고 폭 양 끝에서 잠깐 머물러 용융풀을 일정한 크기로 형성하여 이끌어 가며 진행한다.

(a) 루트면 용융

(b) 베벨각 용융

[그림 2.3.2] 용접모재 각부 명칭 이해

⑥ 베벨각을 용융시키면 이면에 용착되지 않고 표면으로 용착금속이 형성된다.
⑦ 이면비드 용접에서는 크레이터 처리를 무로 설정하여 용접한다.
⑧ 용접 전류와 전압을 설정하고 이면비드를 용접한다. 이면비드의 용착량은 30% 정도로 용착금속을 형성한다.

(a) 아래보기 자세 진행각

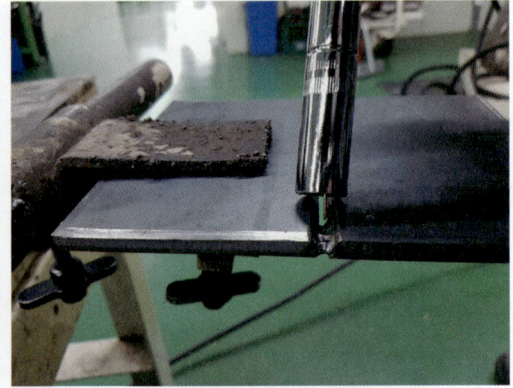
(b) 아래보기 자세 작업각

[그림 2.3.3] 아래보기 자세 용접 진행각과 작업각

⑨ 용접 전압과 전류 및 와이어의 용융 위치에 따라 다음과 같이 이면비드가 형성된다.

 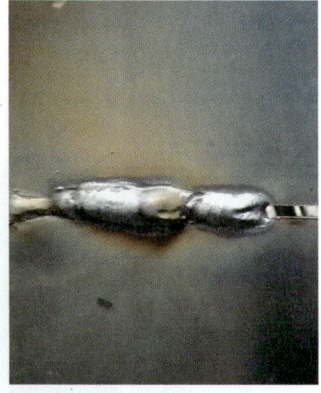 

(a) 용접 전류 및 전압이 약한 경우　　(b) 용접 전류 및 전압이 높은 경우　　(b) 적절한 이면비드

[그림 2.3.4] 용접 전류와 전압의 변화에 따른 이면비드 형상

(2) 2층 용접하기(표면비드 용접)

① 1차 용접이 끝나면 표면을 와이어 브러시를 이용하여 깨끗이 닦아 준다.
② 용접 전류와 전압은 1층 용접 전류 및 전압과 동일한 조건으로 사용하고 용접 시작점에서 아크를 발생하여 용융풀을 형성한 후 위빙한다.
③ 위빙은 모재의 베벨각 끝 모서리에서 약 2초간 머물러 주며 용접을 진행한다.
④ 용접 후 와이어 브러시를 이용하여 비드 표면을 깨끗이 닦아 준다.

(a) 표면비드　　　　　　　　　　　(b) 이면비드

[그림 2.3.5] 아래보기 자세 용접 부표면 및 이면비드

2. 수직 자세 맞대기용접

(1) 1층 용접하기(이면비드 용접)

① 수직 자세의 경우 모재를 수평면에 대하여 수직으로 고정한다.

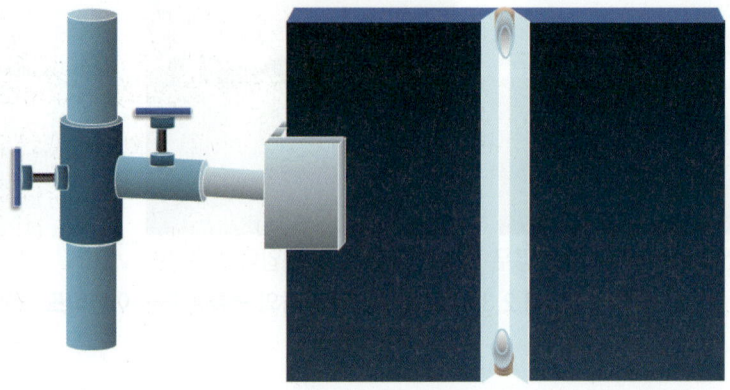

[그림 2.3.6] 수직 자세의 모재 고정

② 용접토치의 각도는 진행각 90°, 작업각 90°을 유지한다.

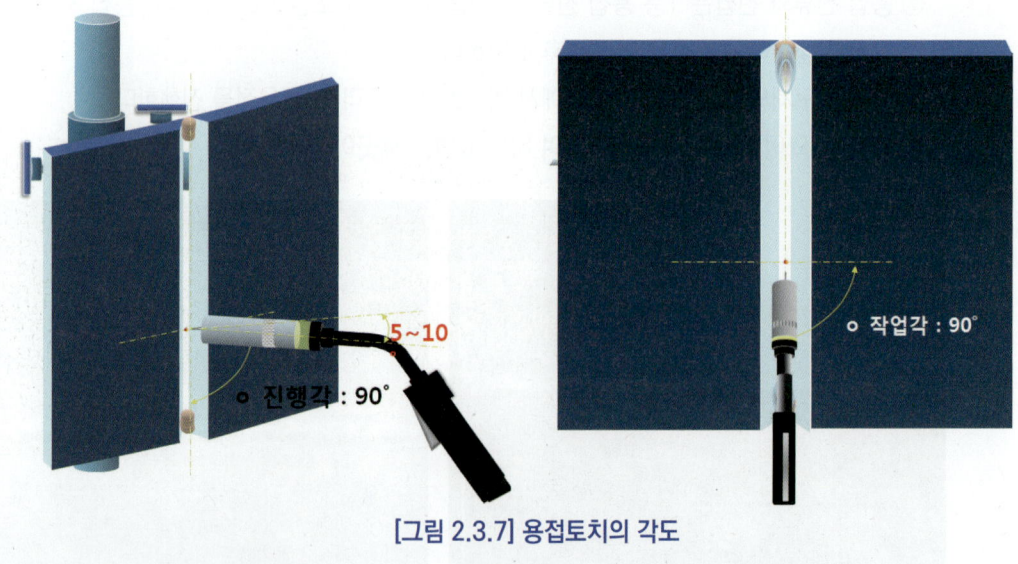

[그림 2.3.7] 용접토치의 각도

③ 용접 전류와 전압을 설정하고 1층 이면비드 용접을 한다. 와이어 돌출 길이는 10~15mm를 유지하고 루트면과 루트면 사이에서 위빙하여 양 끝에서 잠깐 머물러 용착금속을 형성한다.

(a) 루트면의 용접

(b) 베벨각의 용접

[그림 2.3.8] 수직 자세의 용접 방법

④ 1층 용접이 끝나면 표면비드를 와이어 브러시를 이용하여 깨끗이 닦고 홈각도 및 용접토치 노즐 안에 생성된 스패터를 제거한다.

(2) 2층 용접하기(표면비드)

① 1층 용접이 끝나면 표면을 와이어 브러시를 이용하여 깨끗이 닦아 준다.
② 용접 전류와 전압은 1층 용접 전류 및 전압과 동일한 조건으로 사용하고 용접 시작점에서 아크를 발생하여 용융풀을 형성한 후 위빙한다.
③ 위빙은 모재의 베벨각 끝 모서리에서 약 2초간 머물러 주며 용접을 진행한다.
④ 용접 후 와이어 브러시를 이용하여 비드 표면을 깨끗이 닦아 준다.

(a) 표면비드

(b) 이면비드

[그림 2.3.9] 수직 자세 용접 부표면 및 이면비드

3. 수평 자세 맞대기용접

(1) 1층 용접하기(이면비드 용접)

① 수평 자세의 경우 모재를 수평면에 대하여 수직으로 고정하고, 용접선은 수평이 되도록 한다.

[그림 2.3.10] 수평 자세의 모재 고정

② 용접토치의 각도는 진행각 85~90°, 작업각 85~90°을 유지한다. 용접 진행 중 키홀이나 용접봉의 편심에 의해 형성되는 용융지의 위치에 따라 각도를 조절한다.

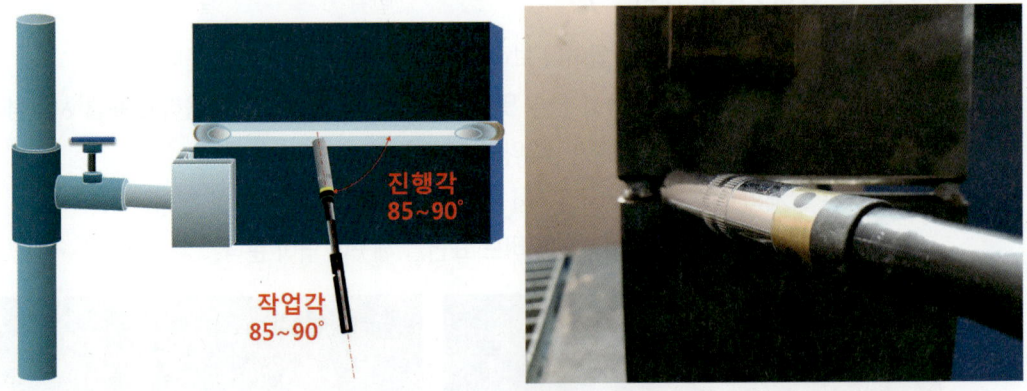

[그림 2.3.11] 수평 자세의 용접 각도

③ 용접 전류와 전압을 설정하고 1층 이면비드용접을 한다. 와이어 돌출 길이는 10~15mm를 유지하고 루트면과 루트면 사이에서 위빙하여 양 끝에서 잠깐 머물러 용착금속을 형성한다.

(a) 1층 용접 후　　　　　　　　　　　(b) 이면비드

[그림 2.3.12] 수평 자세 1층 용접 및 이면비드

④ 1층 용접이 끝나면 표면비드를 와이어 브러시를 이용하여 깨끗이 닦고 홈각도 및 용접토치 노즐 안에 생성된 스패터를 제거한다.

(2) 2층 용접하기

① 1층 용접이 끝나면 표면을 와이어 브러시를 이용하여 깨끗이 닦아 준다.
② 용접 전류와 전압은 1층 용접 전류 및 전압과 동일한 조건으로 사용하고, 용접 시작점에서 아크를 발생하여 용융풀을 형성한 후 위빙한다.
③ 모재홈에서 아래쪽 모서리를 기준으로 약 1~2mm 낮게 2층 1차 용접비드를 형성한다.
④ 모재홈에서 위쪽 모서리를 기준으로 약 1~2mm 높게 2층 2차 용접비드를 형성한다.
⑤ 스패터를 제거하고 와이어 브러시로 깨끗이 닦는다.

(a) 2층 1차 용접 후　　　　　　　　　　(b) 2층 2차 용접 후

[그림 2.3.13] 수평 자세 표면비드 용접

제3장

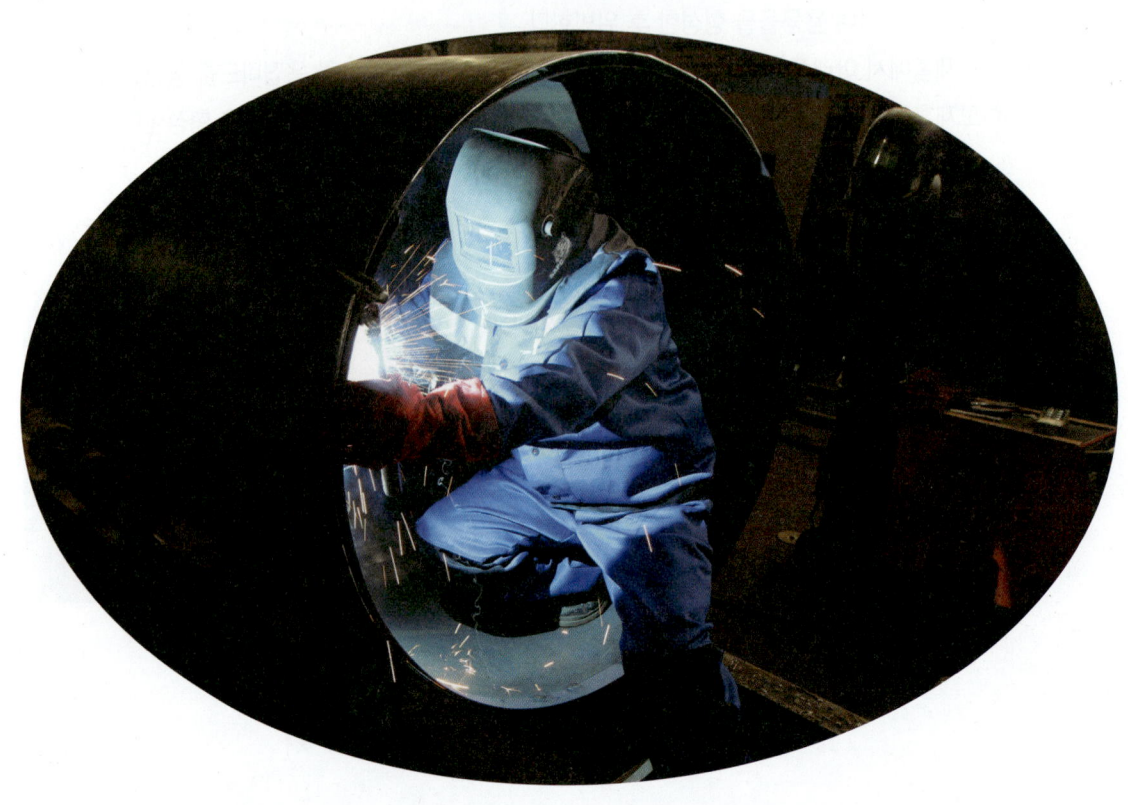

이산화탄소가스아크용접기능사 실기

제3장

가스절단 및 솔리드 와이어 필릿용접

제1절　가스절단

제2절　가용접

제3절　필릿용접

제1절 가스절단

1. 가스절단 준비하기

가스절단에 필요한 장치의 구성은 아래 그림 (a)와 같이 산소+아세틸렌가스를 이용하는 방식과 (b)와 같이 산소+LPG가스를 이용하는 방식이 있다.

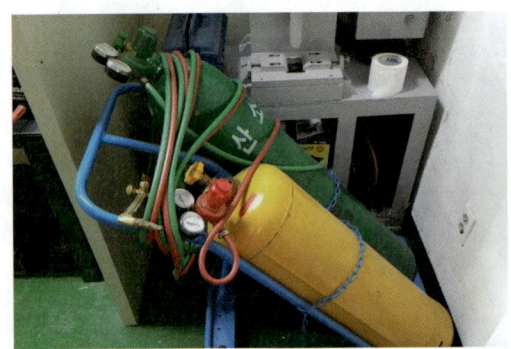
(a) 산소+아세틸렌 가스절단

(b) 산소+LPG 절단

[그림 3.1.1] 가연성 가스에 따른 가스절단 장치의 구성

역화방지기는 가스절단 도중 팁의 화구가 막히거나 과열되면 불꽃이 화구에서 아세틸렌호스로 역행하는 것을 방지하는 장치이다. 화염이 역화하면 폭발을 일으키기 때문에 역화방지기로 고온 가스가 역류하게 되면 서모 스타트가 밸브를 닫고 가스를 차단하는 원리이다. 역화방지기는 중대한 재해를 막기 위해 반드시 필수적으로 설치해야 하는 장치이다.

① 역화방지기의 설치 상태를 점검한다.

(a) 아세틸렌가스 역화방지기

(b) LPG 역화방지기

[그림 3.1.2] 역화방지기 설치 점검

② 가스절단 전 용기 밸브를 개폐한 후 주방세제 거품을 이용하여 가스용기의 누설 유무를 점검한다.

(a) 산소 누설 점검 (b) 아세틸렌가스 누설 점검

[그림 3.1.3] 가스 누설 점검

③ 가스절단 토치의 구성을 파악하고 토치 조작 관련 밸브를 점검한다.

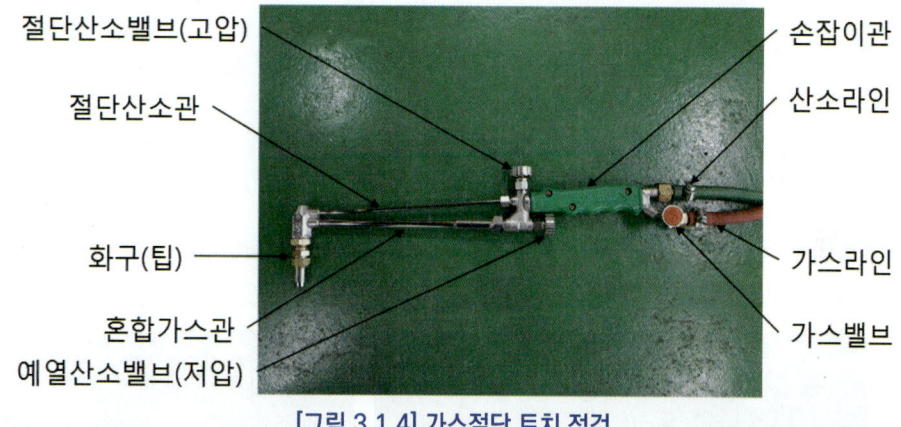

[그림 3.1.4] 가스절단 토치 점검

토치에 점화할 때 일반라이터나 종이에 불을 붙여 사용하지 말고 토치 점화용 라이터를 사용해야 안전하다.

(a) 점화용 라이터 (b) 팁클리너

[그림 3.1.5] 점화용 라이터 및 팁클리너 준비

보호안경은 가스절단 중 유해한 적외선과 자외선 또는 스패터, 불티 등이 눈에 들어가는 것을 방지하기 위해 사용한다. 피복아크용접과 비교했을 때 가스절단에서 나오는 적외선과 자외선은 상대적으로 강하지 않지만, 장시간 동안 절단할 경우 눈에 피로가 올 수 있고 전안염이 발생할 수 있으므로 반드시 착용하도록 한다. 눈만 가려 주는 보안경과 얼굴 전체를 가려 주는 형태의 보호면이 있다. 안전을 위해서는 보호안경보다는 얼굴 전체를 가려 주는 보호면을 착용하도록 한다.

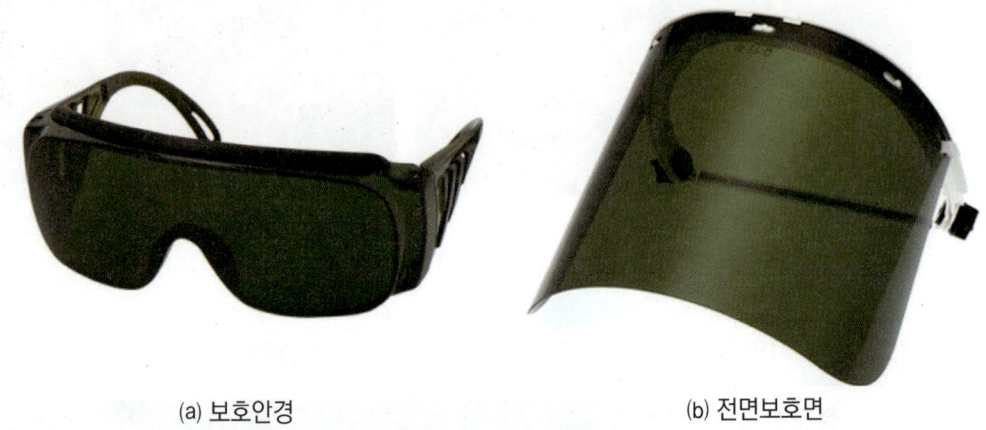

(a) 보호안경 　　　　　　　　　　　　(b) 전면보호면

[그림 3.1.6] 절단 보호구 준비

2. 절단팁 점검하기

가스절단에 필요한 장치의 구성은 아래 그림과 같이 (a)는 아세틸렌가스 전용 팁이고 (b)는 LPG가스 전용 팁을 나타내고 있다. 각각의 가연성가스에 따른 팁을 선택하도록 한다.

(a) 아세틸렌 팁 　　　　　　　　　　　(b) LPG 팁

[그림 3.1.7] 가연성가스에 따른 팁의 분류

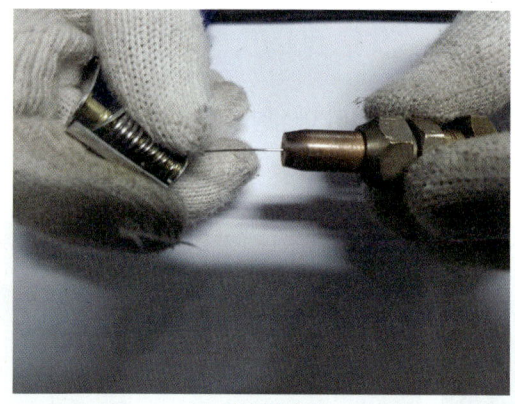 

(a) 절단팁 청소　　　　　　　　　(b) 절단팁 분해

[그림 3.1.8] 절단팁 점검 방법

3. 가스유량 조절하기

① 산소 용기의 1차 압력게이지를 통해 잔존량을 확인한 후 2차 압력을 0.5MPa로 조절한다.
② 아세틸렌 또는 LPG 역시 잔존량을 확인 후 2차 압력을 0.05MPa로 조절한다.

(a) 산소 2차 압력(0.5MPa)　　　　　(b) 아세틸렌가스 2차 압력(0.05MPa)

[그림 3.1.9] 2차 압력 조정

4. 가스 절단하기

① 총 250mm 중 절반인 125mm 구간에 석필 등을 이용하여 마킹한다.
② 절단 가이드를 모재 위에 올려놓는다.

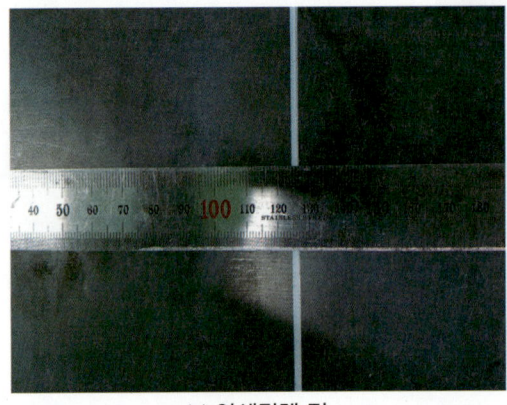 

(a) 아세틸렌 팁   (b) LPG 팁

[그림 3.1.10] 절단부 마킹

③ 시험편 위에 절단토치를 시작점부터 끝나는 지점까지 마킹라인이 일치하는지 재차 확인한다.

(a) 아세틸렌 팁   (b) LPG 팁

[그림 3.1.11] 마킹라인 재확인

④ 가연성가스(아세틸렌 또는 LPG) 밸브를 소량(반 바퀴 정도) 개폐한다. 소량 개폐 후 점화용 라이터를 이용하여 점화한다. 점화 후 가연성 가스의 양을 일정량 좀 더 개폐해 준다.

(a) 가연성가스 밸브 개폐

(b) 점화 후 가연성가스량 조절

[그림 3.1.12] 가연성 가스 개폐 및 점화

⑤ 조연성가스(산소)를 개폐하여 백심불꽃을 최대한으로 당기도록(짧게) 불꽃을 조절한다. 산소밸브와 가연성가스밸브를 미세 조정하여 [그림 3.1.13] (b)와 같은 형태의 중성불꽃을 만든다. 이때, 불꽃이 잘 집중되지 않고 '탁탁' 소리가 나기도 한다. 이 경우 팁 대부분의 청소 상태가 불량한 경우가 많다. p57의 [그림 3.1.8]과 같이 팁클리너를 이용하거나 분해하여 팁을 청소해 주도록 한다.

(a) 산소 개폐

(b) 백심불꽃양 조절

[그림 3.1.13] 중성불꽃 조절

⑥ 모재의 절단 위치에 대해 예열한다. 모재 내부에 스며들었던 수분이 제거되는 것을 육안으로도 확인할 수 있다. 절단부 전체를 1~2회 충분히 예열한다. 모재와 토치 간의 거리는 약 5~10mm를 유지하도록 한다. 토치의 팁은 절단 지그에 기댄 상태로 모재에 닿지 않도록 주의한다. 만약 절단팁과 모재가 닿게 되거나 팁의 과열 또는 사용 가스의 압력이 부적당할 때 팁 속에서 '펑' 소리가 나며 폭발음이 발생한다. 이때 팁의 화구가 막혀 절단불꽃이 꺼지거나 심한 경우, 절단불꽃이 역류하여 가연성가스(아세틸렌, LPG)의 호스로 불꽃이 흘러들어 갈 수도 있다. 역화가 발생하게 되면 제일 먼저 산소 밸브를 잠그고 아세틸렌밸브를 잠그도록 한다. 팁이 과열되었을 경우 물로 식혀 주고 기능을 재점검하도록 한다.

(a) 절단부 예열 1

(b) 절단부 예열 2

[그림 3.1.14] 절단부 예열

⑦ 절단 위치의 가장 상단부에 토치와 모재의 간격을 5mm 이하로 유지하여 약 10초 이상 가열하게 되면 빨갛게 달아오르고 미세한 불꽃이 튀어오르게 된다. 이 순간 고압밸브를 1바퀴 정도 개폐하여 절단을 진행하도록 한다.

(a) 시작점 가열

(b) 고압밸브 개폐

[그림 3.1.15] 절단 시작부 가열 및 고압밸브 사용

⑧ 절단지그에 절단팁을 기댄 상태로 모재와의 간격을 약 5mm 이하로 유지하여 토치와 모재의 각도를 직각이 되도록 절단한다. 이때 가열된 용융물이 고압에 의해서 밀려나가는지 육안으로 확인하며 절단을 진행하도록 한다. 또한 모재 뒷면에 절단된 불꽃이 비산하는 것을 육안으로 확인하면서 진행한다.

(a) 절단 진행 중 1   (b) 절단 진행 중 2

[그림 3.1.16] 가스절단 진행

⑨ 절단 중 토치의 진행 속도가 너무 빠르거나 느릴 경우, 토치와 모재와의 간격이 맞지 않거나 토치의 각도가 맞지 않을 때, [그림 3.1.17]과 같이 절단되지 않거나 절단면이 거칠어지거나 불규칙해질 수 있다.

(a) 절단 속도가 너무 빠를 때   (b) 절단 속도가 너무 느릴 때

[그림 3.1.17] 부적절한 가스절단의 예

5. 절단면 검사하기

가스절단 완료 후 절단면과 슬래그 부분은 채점 대상이므로 제거하지 않도록 하며 절단면의 상태를 검사하도록 한다. 양호한 절단면과 불량한 절단면의 차이를 비교하고 양호한 면이 나오도록 반복적으로 연습한다.

(a) 양호한 절단면 1

(b) 양호한 절단면 2

[그림 3.1.18] 양호한 절단면

(a) 불량한 절단면 1

(b) 불량한 절단면 2

[그림 3.1.19] 불량한 절단면

제2절 가용접

1. 모재 준비

① 필릿용접 모재는 t9×125w×150L로 t9×150w×250L 연강판을 산소절단 후 얻은 두 개의 모재로 사용한다. 용접선에서 양쪽의 12.5mm를 제외한 125mm에 필릿용접을 한다.

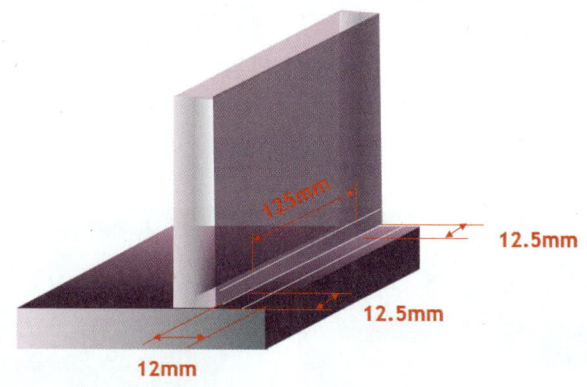

[그림 3.2.1] 필릿용접 시험 기준

② 치수선을 그릴 때 석필을 사용하면 편리하다. 석필의 폭이 12mm이므로 모재 밑판 12mm의 기준을 석필로 하여 마그네틱으로 고정하면 필릿용접 밑판 치수를 고정할 수 있다.

[그림 3.2.2] 석필 치수

[그림 3.2.3] 모재의 고정

③ 필릿용접의 시작부와 끝부에 12.5mm를 제외한 125mm를 용접하므로 석필을 기준으로 시작부와 끝부 12.5mm의 기준선을 체크할 수 있다.

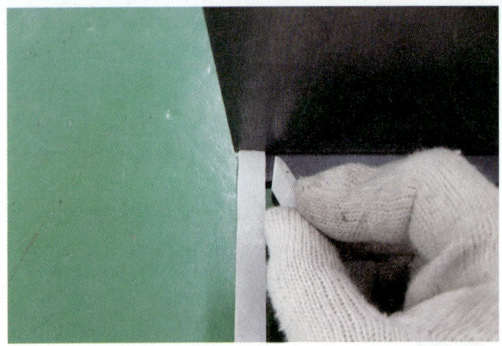

[그림 3.2.4] 필릿용접의 양쪽 12.5mm 마킹

④ 석필을 이용하여 다리길이(각장)를 기준선을 체크한다.

[그림 3.2.5] 다리길이의 마킹

⑤ 가접은 시험편 양쪽 가장자리로부터 12.5±2.5mm까지를 제외한 용접선에 10mm 이내 길이로 한다. 이때 가용접의 전류와 전압은 높게 설정한다. 가용접부에서 낮은 전류 및 전압을 사용하면 용입이 적어 가용접 비드가 표면으로 높게 형성될 수 있다.

(a) 가용접(좌)   (b) 가용접(우)

[그림 3.2.6] 가용접 완료

제3절 필릿용접

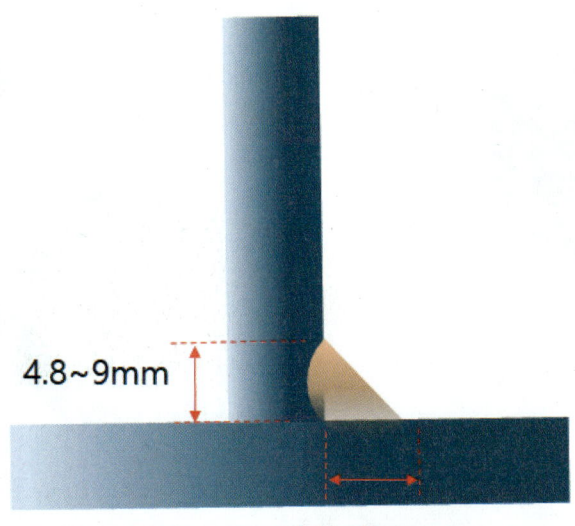

[그림 3.3.1] 필릿용접 목길이(각장) 기준

1. 아래보기 자세 필릿용접 하기

① 아래보기 자세는 모재가 바닥으로부터 45° 경사지게 지그에 고정한다.

[그림 3.3.2] 필릿용접의 아래보기 자세 모재 고정

② 필릿용접의 전류와 전압을 설정한다. 전류는 약 130~150A, 전압은 약 22~23V로 설정한다. 필릿용접의 경우 용접 전류와 전압은 맞대기용접보다 높게 설정한다.

③ 시험 도면용접에서 요구되는 목길이(각장 : h)는 4.8~9mm까지 허용한다.

④ 필릿용접의 아래보기 자세에서 용접토치의 각도는 진행각 85~90°, 작업각 45°로 유지하여 용접을 진행한다.

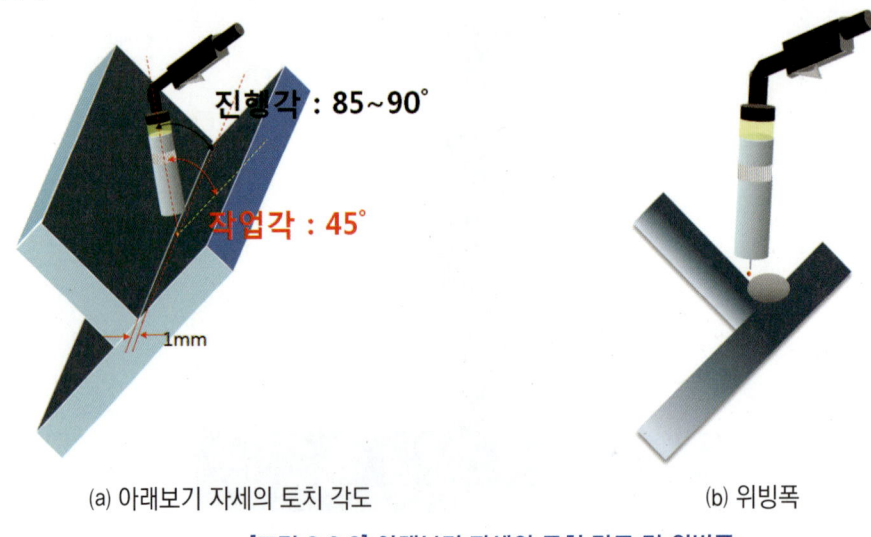

(a) 아래보기 자세의 토치 각도   (b) 위빙폭

[그림 3.3.3] 아래보기 자세의 토치 각도 및 위빙폭

⑤ 용접 목길이를 고려하여 석필로 표시한 범위 내에서 위빙하며 후진법으로 진행한다. 비드폭의 양 끝에서 약 1~2초간 머물러 주며 위빙한다.

(a) 위빙폭(좌)   (b) 위빙폭(우)

[그림 3.3.4] 필릿용접 위빙폭

⑥ 용접이 완료되면 와이어 브러시를 이용하여 비드표면을 깨끗이 닦는다.

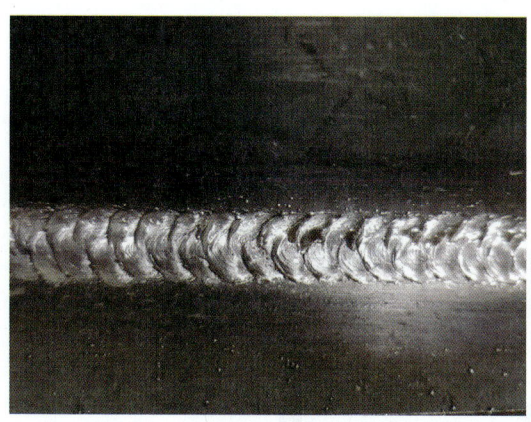
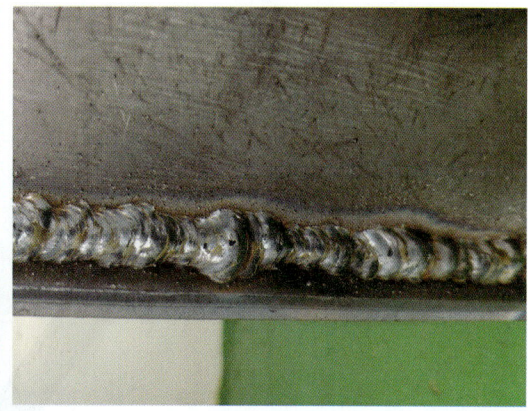

(a) 적절한 비드 상태   (b) 불량한 비드 상태

[그림 3.3.5] 아래보기 자세 필릿용접 시험편

2. 수직 자세 필릿용접 하기

① 전류는 약 130~150A, 전압은 약 22~23V로 설정한다. 가접된 모재를 지그에 용접선이 수직이 되도록 고정한다.

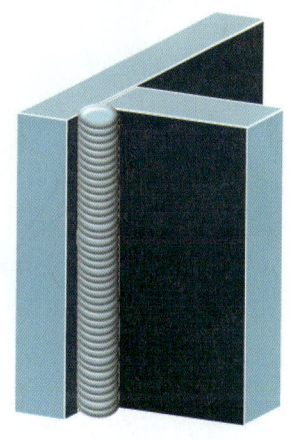

[그림 3.3.6] 수직 자세의 고정   [그림 3.3.7] 수직 자세 용접

② 필릿용접의 수직 자세에서 용접토치의 각도는 진행각 80~90°이며, 작업각 45°이다.

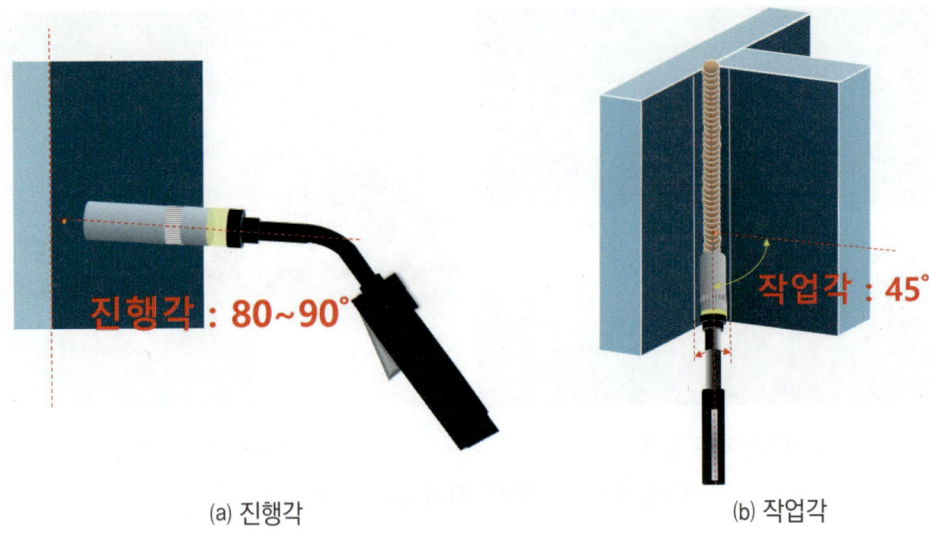

(a) 진행각   (b) 작업각

[그림 3.3.8] 수직 자세의 용접토치 각도

③ 필릿용접의 수직 자세에서 위빙은 모재의 비드폭의 양 끝에서 약 1~2초간 머물러 주며 위빙한다.

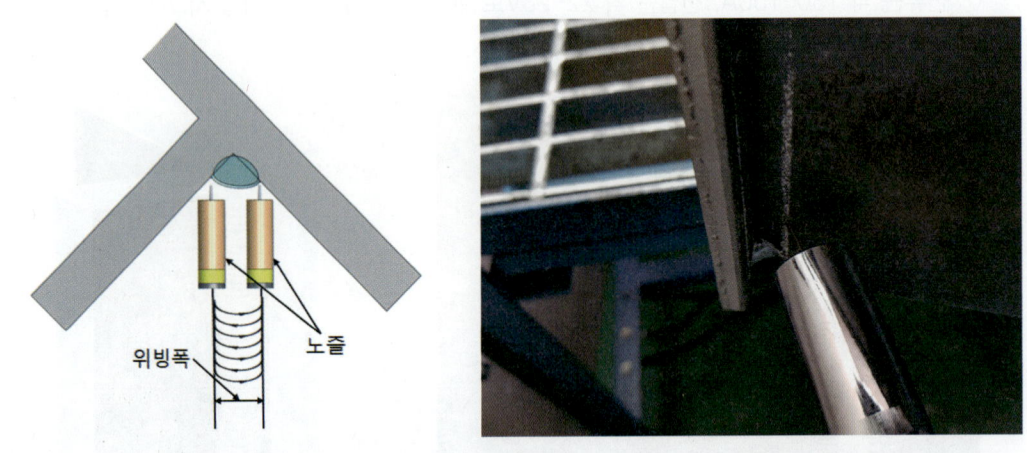

[그림 3.3.9] 수직 자세의 용접 방법

④ 용접이 끝나고 비드표면을 와이어 브러시를 이용하여 깨끗이 닦는다.

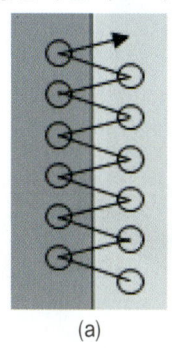 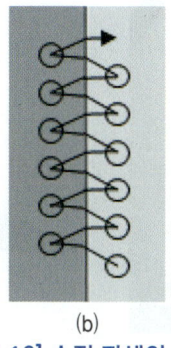 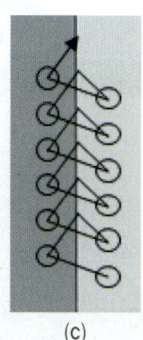

(a)　　　　　　　　　　　(b)　　　　　　　　　　　(c)

[그림 3.3.10] 수직 자세의 위빙 방법

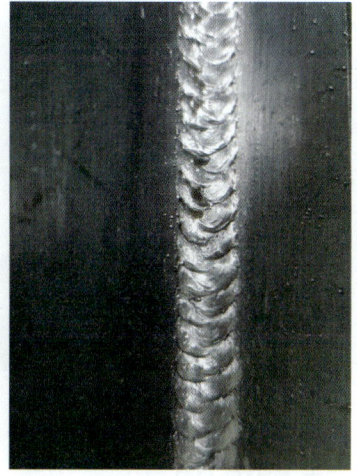 

(a) 적절한 비드 상태　　　　　　　　　　　(b) 불량한 비드 상태

[그림 3.3.11] 수직 자세의 필릿용접 시험편

3. 수평 자세 필릿용접 하기

① 전류는 약 130~150A, 전압은 약 22~23V로 설정한다. 가접된 모재를 용접지그에 수평으로 고정한다. 필릿용접의 수평 자세에서 목길이(각장)는 4.8~9mm까지이다.

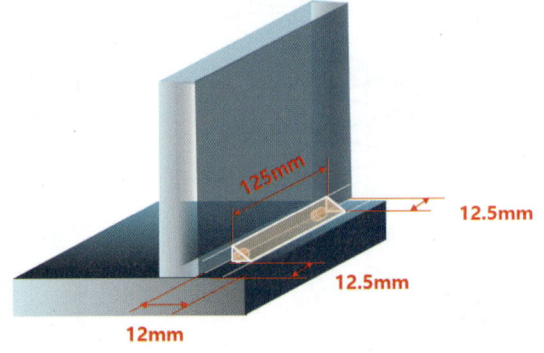

[그림 3.3.12] 필릿용접의 수평 자세 고정

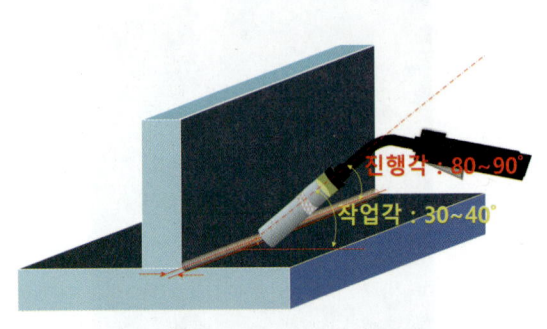
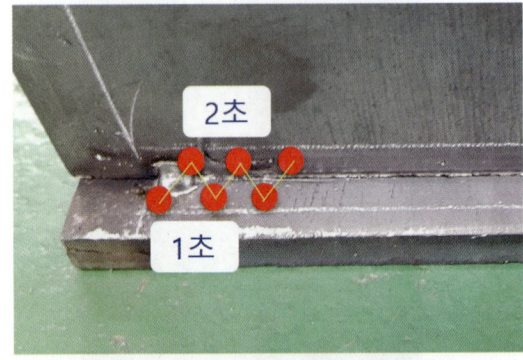

(a) 수평 자세의 토치 각도   (b) 위빙 방법

[그림 3.3.13] 수평 자세의 용접토치 각도 및 위빙 방법

② 필릿용접의 수평 자세에서 용접토치의 각도는 진행각이 80~90°이며, 작업각이 30~40°이다.
③ 필릿용접 수평 자세에서 위빙 방법은 모재의 비드폭의 윗면에서 약 2초간 머무르고 아랫면에서는 약 1초 정도 머물러 주며 진행한다.

[그림 3.3.14] 수평 자세 용접 완료

④ 용접이 끝나면 용접비드를 와이어 브러시를 이용하여 깨끗이 닦는다.

제4장
플럭스코어드와이어 맞대기용접

제1절 비드쌓기

제2절 가용접

제3절 자세별 맞대기용접

제1절 비드쌓기

1. 아래보기 자세 비드쌓기

CO_2 용접을 하기 위해서 비드쌓기는 기본이라 할 수 있다. 용융지를 확인하고 용접 전류 및 전압의 올바른 설정값을 파악할 수 있다. 또한 용접 비드의 폭과 높이를 일정하게 유지하는 용접방법을 습득한다. 연습을 충분히 하는 것이 아래보기 맞대기용접 시간을 절약할 수 있다.

(1) 모재 준비

① 연강판에 약 10~15mm의 선을 긋는다.
- 석필이나 금긋기 바늘을 이용하여 선을 긋는다
- 선은 한 줄 긋고 용접 후 다음 용접할 선을 긋는다. 미리 선을 그어 놓으면 용접 도중 선이 지워질 수 있으니 한 줄씩 긋고 비드쌓기 연습한다.
- 모재의 양쪽에서 약 10mm 안쪽으로 선을 긋는다.

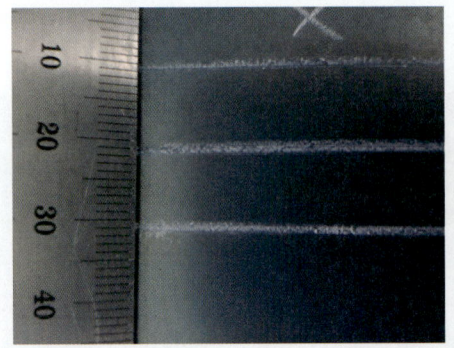 

[그림 4.1.1] 모재에 용접선 긋기

(2) 아래보기 자세 비드쌓기 방법

- 비드폭 : 10~15mm
- 비드의 높이 : 2.5mm 이내
- 용접 전류 및 전압 : 190~210A, 24~26V(용접기마다 차이가 있음)

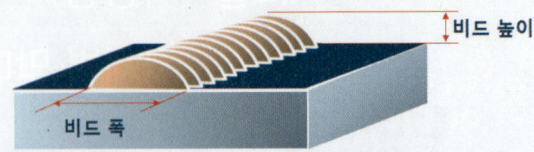

[그림 4.1.2] 비드쌓기의 비드폭과 높이

① 용접지그를 이용하여 모재를 허리 정도의 높이로 고정시킨다.

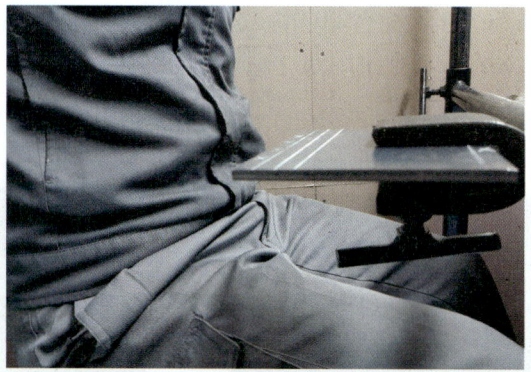

[그림 4.1.3] 아래보기 자세 모재 고정

② 용접와이어의 돌출 길이는 약 10~15mm이며 토치의 각도는 진행각 70~80°, 작업각 90°를 유지한다.

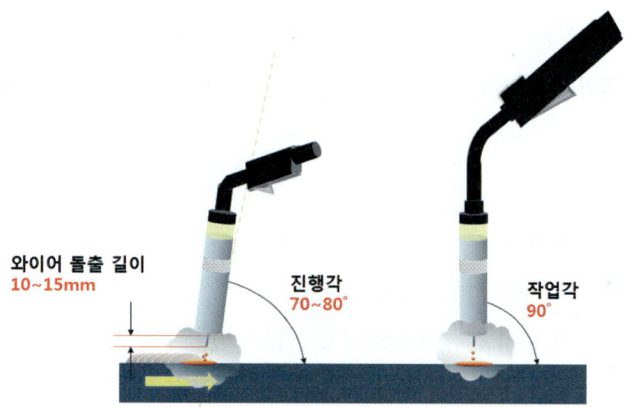

[그림 4.1.4] 와이어 돌출 길이와 토치의 각도

③ 모재의 약 10mm 앞에서 아크를 발생시키고 와이어 길이는 10~15mm 하여 시작부로 이동하여 용접을 진행한다.

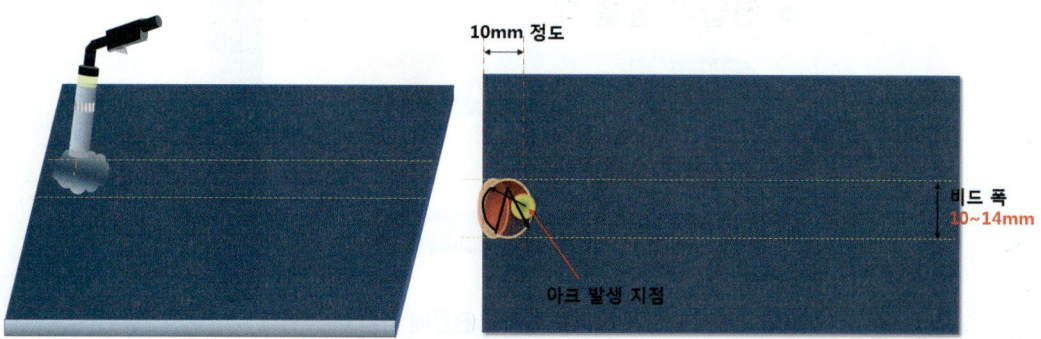

[그림 4.1.5] 시작부 아크 발생 방법

④ 용접위빙은 비드폭의 양 끝에서 머물러 주고 용융 상태를 보면서 위빙의 폭과 피치를 일정하게 유지하며 용접한다. 용접와이어는 선 밖으로 벗어나지 않도록 용접해야 하며 와이어의 돌출 길이가 일정하게 유지되도록 용접을 진행한다.

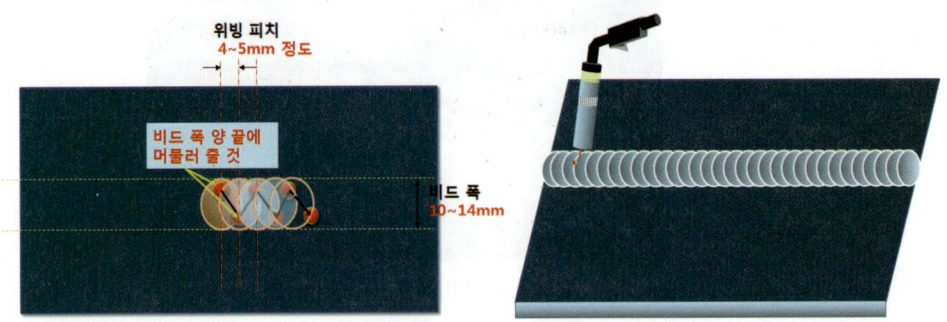

[그림 4.1.6] 위빙 방법

⑤ 아크를 중단해서는 안 되며 용접의 끝부분에 도달하면 아크 발생을 중단하고 바로 아크 발생을 하여 크레이터 처리를 한다.

(3) 용접 조건 설정

① 전압과 비드의 형상(전류가 일정할 때)

용접 조건에서 용접 전류가 일정하고 전압이 높을 경우 비드가 용접 길이 방향으로 길고 높게 형성되고 전압이 낮은 경우 비드폭은 작고 비드가 높게 형성된다.

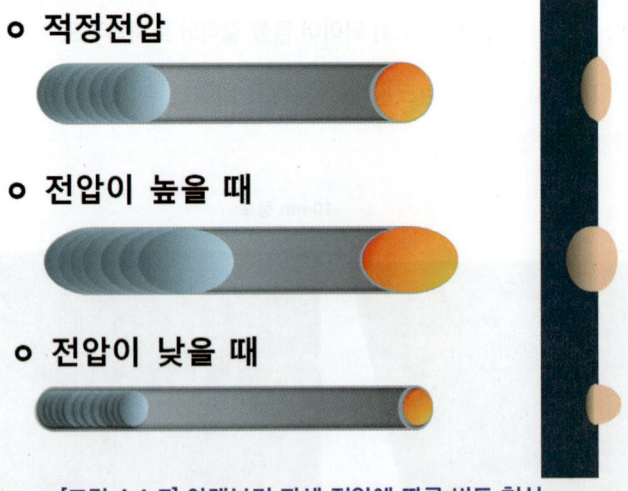

[그림 4.1.7] 아래보기 자세 전압에 따른 비드 형상

② 토치 진행각의 비드의 형상

용접토치의 진행각이 모재에서 작은 경우 용접비드가 용접선의 길이 방향으로 길게 형성되기 때문에 각도가 중요하다.

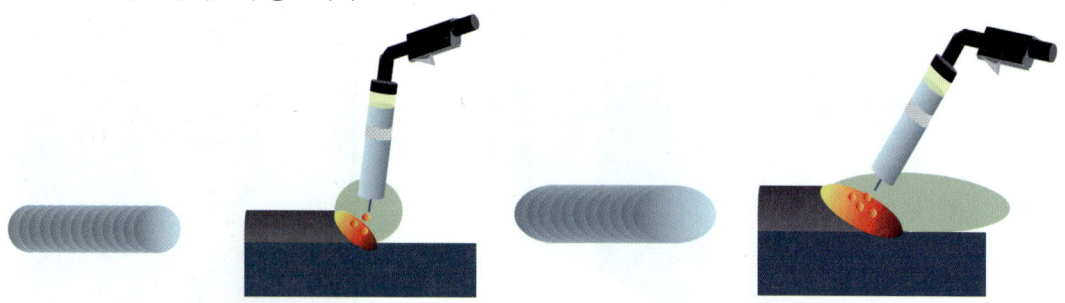

(a) 정상 용접토치의 각도   (b) 비정상 용접토치의 각도

[그림 4.1.8] 아래보기 자세 토치 각도에 따른 비드 형상

③ 위빙과 비드의 형상

위빙의 폭과 피치가 불규칙할 경우 비드의 폭과 높이가 일정하게 형성되지 않는다.

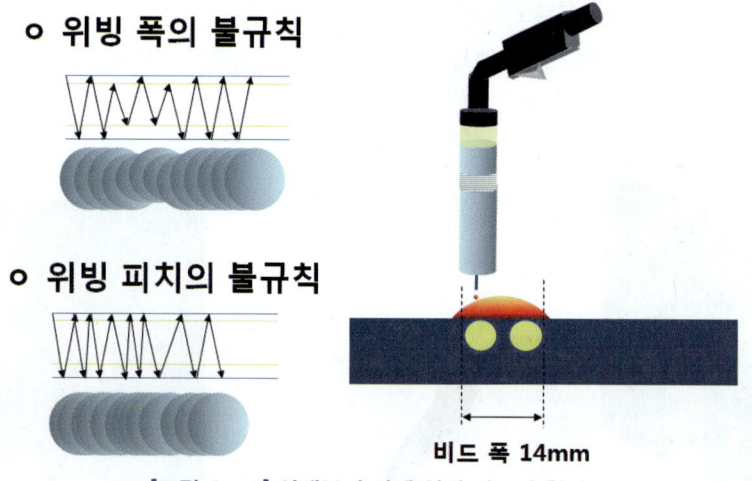

[그림 4.1.9] 아래보기 자세 위빙 비드의 형상

2. 수직자세 비드 쌓기

(1) 수직 자세 비드 쌓기 방법

- 비드폭 : 10~15mm
- 비드의 높이 : 2.5mm 이내
- 용접 전류 및 전압 : 170~190A, 22~24V(용접기마다 차이가 있음)

① 용접 지그를 이용하여 모재를 허리에서 가슴 정도 높이로 고정시킨다.

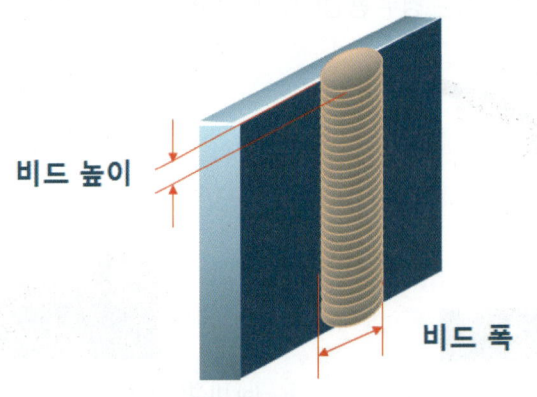

[그림 4.1.10] 수직 자세 비드폭과 높이

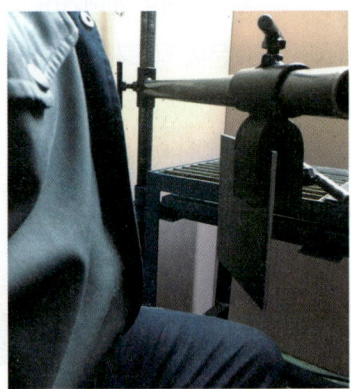

[그림 4.1.11] 수직 자세 모재 고정

② 용접와이어의 돌출 길이는 약 10~15mm이며 토치의 각도는 진행각 85~90°, 작업각 90°를 유지한다.

③ 아크 발생은 모재 시작점의 약 10mm 앞에서 아크를 발생시키고 용접와이어 돌출 길이는 10~15mm 하여 시작부로 이동하여 용접을 진행한다.

④ 용접 위빙은 비드폭의 양 끝에서 머물러 주고 용융 상태를 보면서 위빙의 폭을 일정하게 유지하며 피치는 약 3mm 정도 간격으로 용접한다.

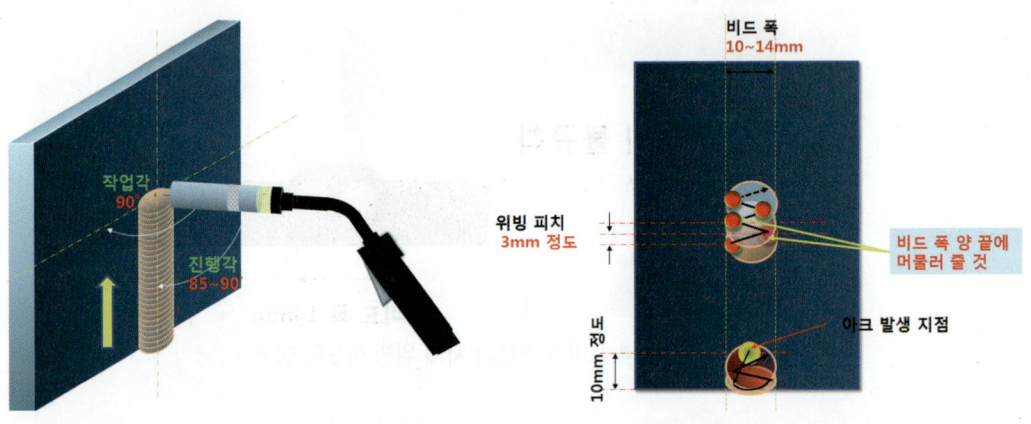

[그림 4.1.12] 수직 자세 진행각과 작업각

[그림 4.1.13] 수직 자세 위빙 방법

(2) 용접 조건 설정

① 용접 전류와 비드의 형상(전압이 일정할 경우)

수직 자세에서 용접 전압이 일정하고 전류가 높을 경우 용입이 깊고 용접 길이 방향으로 비드가 길게 형성되며 비드가 높고, 전압이 낮을 경우 용입이 낮고 비드가 높아진다.

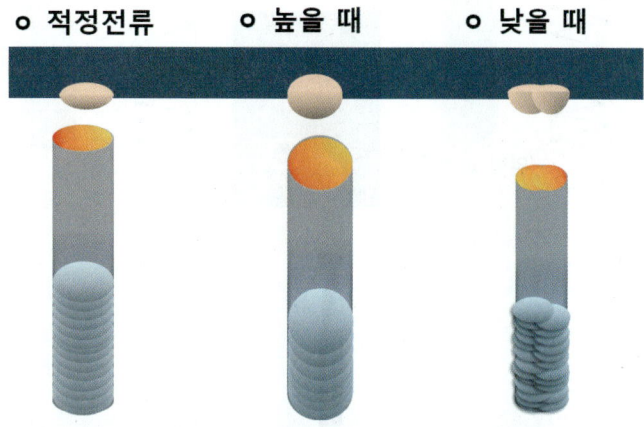

[그림 4.1.14] 수직자세 전류에 따른 비드의 형상

② 용접토치 각도에 따른 비드의 형성

진행각이 90°보다 낮은 경우 비드폭이 길게 형성된다. 용접토치의 각도는 모재와 토치가 90°가 가장 이상적이다.

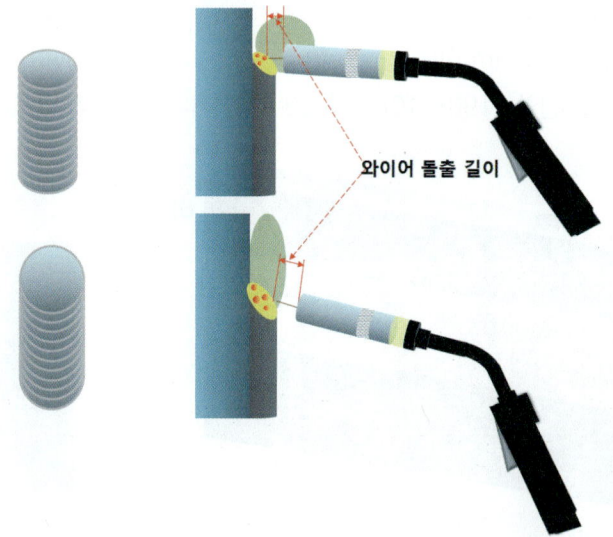

[그림 4.1.15] 수직 자세 토치 각도 비드 형상

이산화탄소가스아크용접기능사 실기

③ 위빙과 비드의 형상

토치의 위빙에서 폭과 피치가 일정하지 않다.

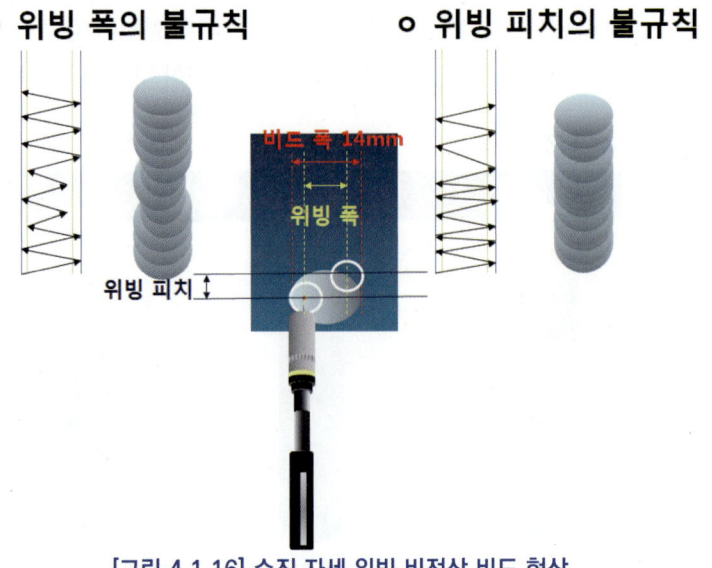

[그림 4.1.16] 수직 자세 위빙 비정상 비드 형상

3. 수평 자세 비드 쌓기

(1) 수평 자세 비드 쌓기 방법

- 비드폭 : 8~10mm
- 비드의 높이 : 2.5mm 이내
- 용접 전류 및 전압 : 190~210A, 24~26V(용접기마다 차이가 있음)

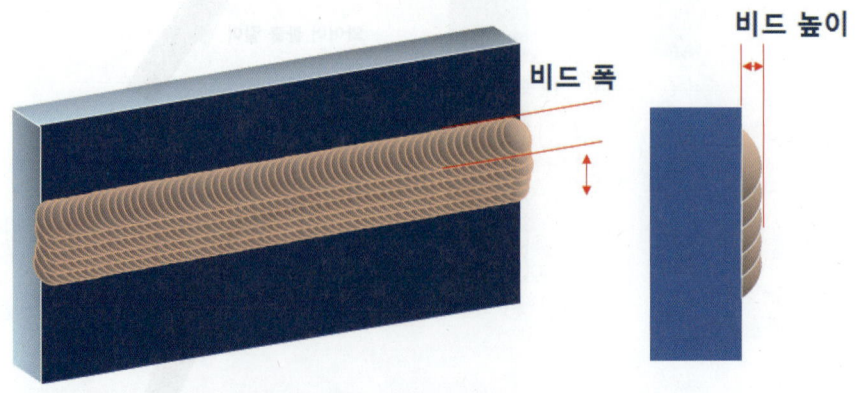

[그림 4.1.17] 수평 자세의 비드폭과 높이

① 용접지그를 이용하여 모재를 허리에서 가슴 정도 높이로 고정시킨다.

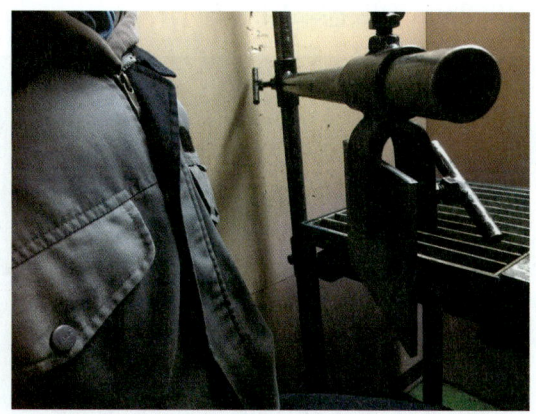

[그림 4.1.18] 수직 자세 토치 각도 비드 형상

② 용접와이어의 돌출 길이는 약 10~15mm이며 토치의 각도는 진행각 85~90°, 작업각 85~90°를 유지한다.

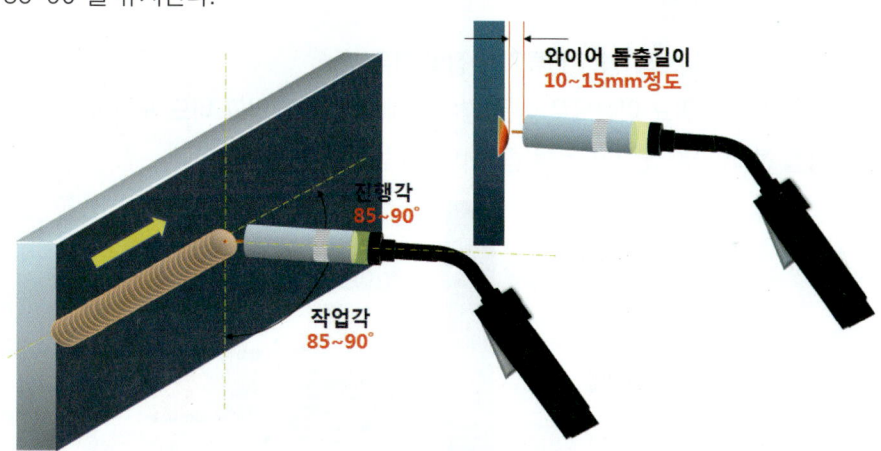

[그림 4.1.19] 수평 자세 진행각, 작업각, 와이어 돌출 길이

③ 용융지 위쪽에서 머물러 앞쪽 용융지의 크기와 같게 용융지를 만들고 그 용융지 아래 끝 쪽으로 이동하고 약간 빠르게 위로 이동을 반복한다.

④ 용접 위빙은 비드폭의 양 끝에서 머물러 주고 용융 상태를 보면서 위빙의 폭을 일정하게 유지하며 위빙 피치는 약 3mm 정도 간격으로 용접한다.

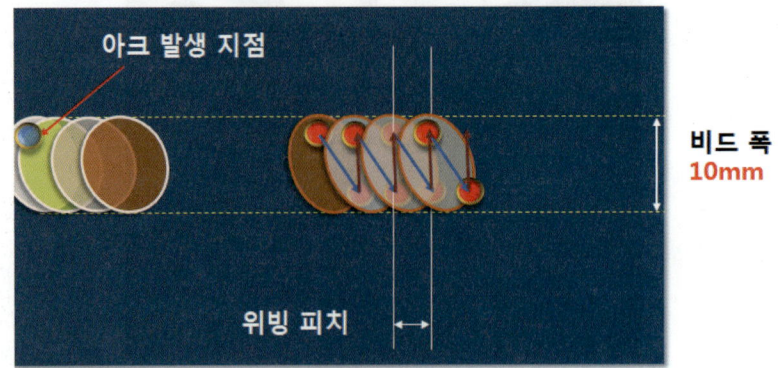

[그림 4.1.20] 아크 발생 및 위빙 방법

(2) 용접 조건 설정

① 용접 전압과 비드의 형상(전류가 일정할 경우)

용접 전압이 필요 이상으로 높은 경우 스패터 발생이 많고 비드 모양이 밑으로 처진다. 반면 용접 전압이 낮으면 비드폭은 좁고 비드의 높이는 높게 형성된다.

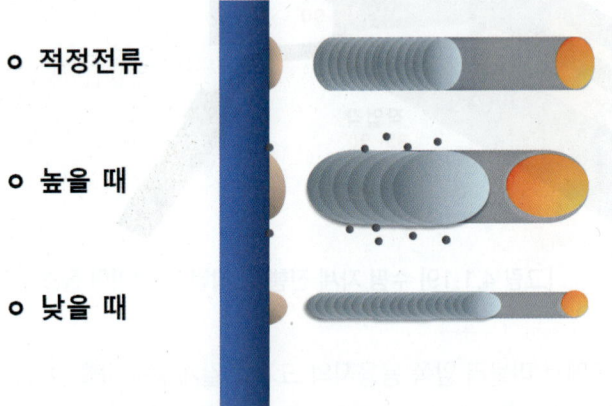

[그림 4.1.21] 수평 자세 용접 전압 비드 형상

② 토치 각도에 따른 비드의 형성

수평 자세에서 진행각이 85~90°보다 작은 경우, 비드 모양은 용접 길이 방향으로 길게 형성된다.

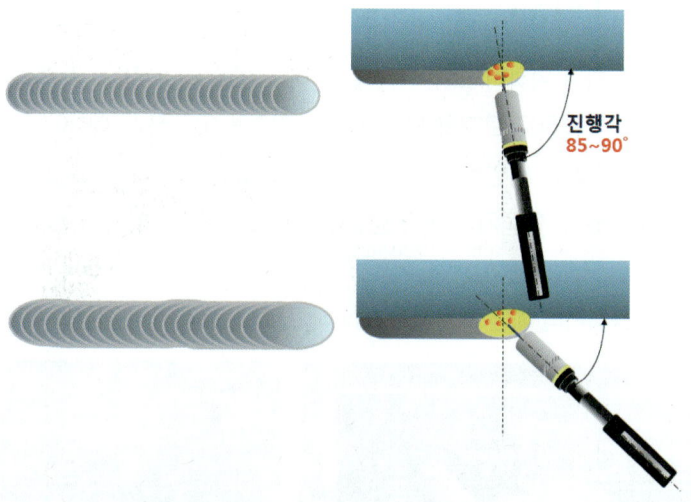

[그림 4.1.22] 수평 자세 토치 각도 비드 형성

③ 와이어 돌출 길이와 비드의 형상

와이어의 돌출 길이가 길면 스패터 발생은 많아지고 비드의 폭이 넓게 형성된다.

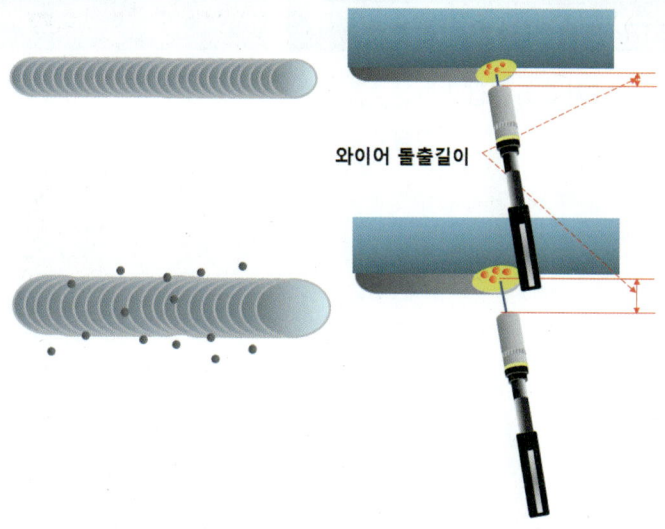

[그림 4.1.23] 와이어 돌출 길이 비드의 형상

제2절 가용접

1. 가용접 준비하기

CO_2 용접 가용접을 하기 위하여 모재 가공 및 준비 작업을 해야 한다. 가용접은 일반적으로 맞대기용접을 위해 루트면을 가공하고 모재와 모재의 루트 간격을 고정하기 위하여 시작부와 끝부분에 가용접을 한다. 맞대기용접에서는 이면비드를 형성하는 데 중요한 요소이다. 용접기를 조작하는 방법은 기기마다 약간의 차이가 있다. 용접기의 조작 방법에 따라 조작하는 기능은 같다. CO_2 용접기 조작 방법은 다음과 같다.

① 분전반에 CO_2 용접기의 메인 스위치를 ON 하고, CO_2 용접기의 전원을 ON 한다.

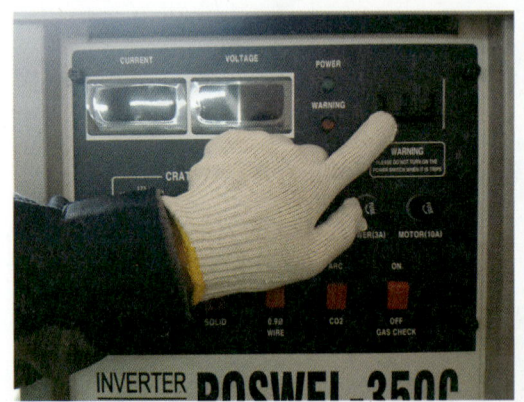
(a) P사 CO_2 용접기

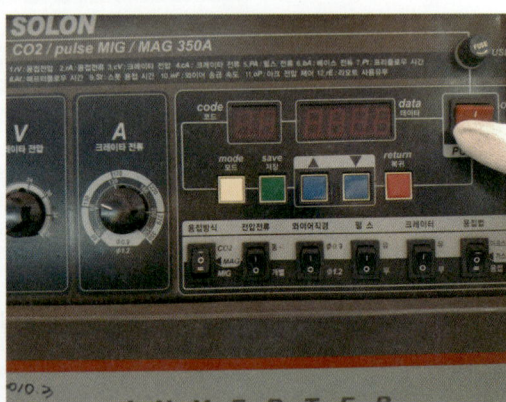
(b) S사 CO_2 용접기

[그림 4.2.1] CO_2 용접기 전원 ON

② 가스밸브를 열고 가스 유량을 확인한다.
  - 용접기의 가스 체크 기능을 사용하면 가스 유량을 설정하는 데 편리하다.
  - 가스 유량은 10~15ℓ/min으로 설정한다.

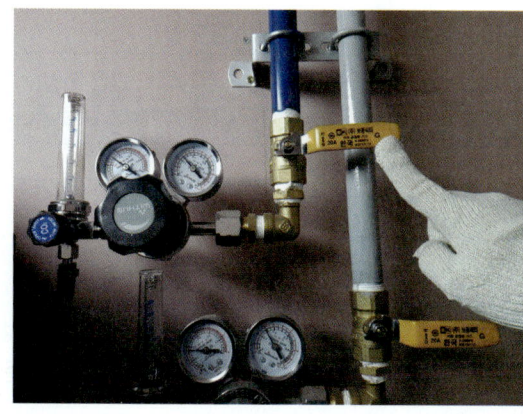 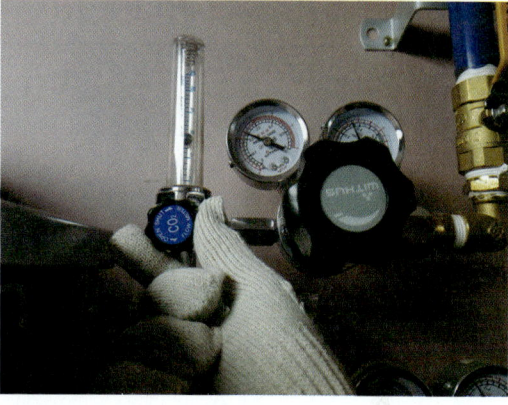

(a) 가스밸브 개방   (b) 가스 유량 조절

[그림 4.2.2] 보호가스 설정

③ 크레이터를 무로 설정한다.
  - 가용접에서 짧은 용접으로, 크레이터를 무로 설정하는 것이 좋다.
  - 용접기마다 크레이터를 조작하는 방법에 차이가 있다.
  - 크레이터 무로 설정 시 크레이터 전류는 무시하여도 된다.

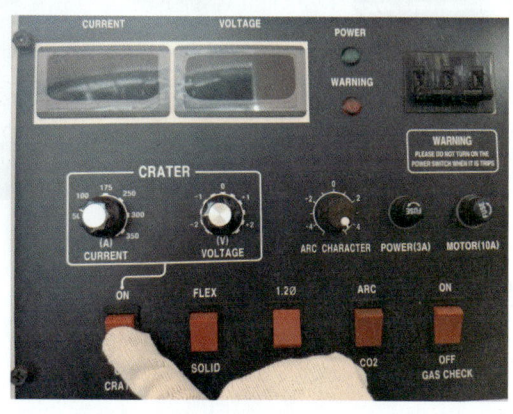 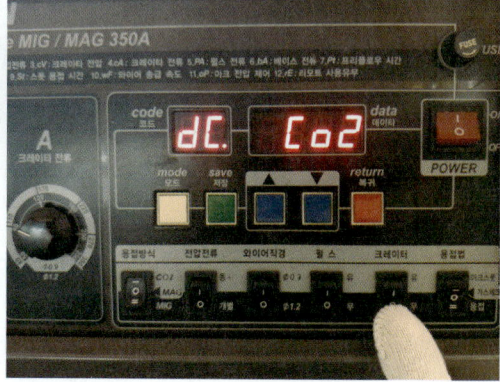

(a) P사 CO₂ 용접기 크레이터 조작   (b) S사 CO₂ 용접기 크레이터 조작

[그림 4.2.3] 크레이터 설정

④ 가공된 모재를 준비하고 루트 간격을 표 1과 같이 설정한다. 가용접에서 시점부와 종점부에는 세라믹 백킹제를 한 칸씩 붙여 주고 가접하면 용락을 방지할 수 있다.

[표 4.2.1] 자세에 따른 루트 간격 설정

자세	루트면 가공 (mm)	루트 간격 (mm)	루트 간격 조정 (피복아크용접봉 기준)
아래보기(F)	-	6	Ø4 용접봉 피복 기준
수직(V)	2	4	Ø4 용접봉 심선 기준
수평(H)	-	5	Ø3.2 용접봉 피복 기준

2. 가용접하기

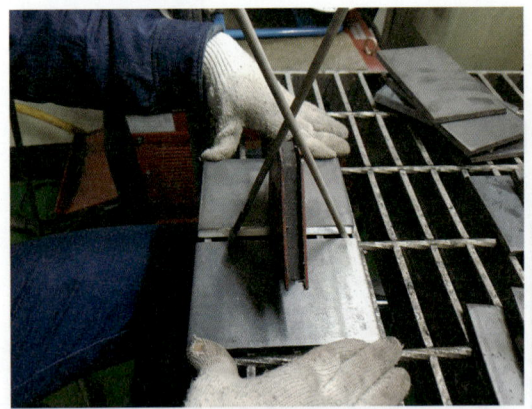 

(a) 루트 간격 조정   (b) 세라믹 백킹제 부착

[그림 4.2.4] 크레이터 설정 루트 간격 조정

① 용접 전류는 200A, 전압은 25V로 설정한 후 시작부와 종점에 가용접을 한다. 이때 가용접의 길이는 10mm 이내로 하며, 가용접의 두께는 모재 두께의 50% 이내로 한다.

(a) 가용접 진행

(b) 가용접 완료

[그림 4.2.5] 가용접

- 가용접은 한쪽 모재의 개선각에 아크를 발생시켜 용착금속을 형성한 후 다른 한쪽으로 이동하고 약 10mm 정도 지그재그로 위빙하여 가용접을 한다.
- 한쪽의 가용접이 끝나면 다른 한쪽도 가용접을 한다. 열에 의한 수축이 발생할 수 있어 루트 간격의 확인은 필수 사항이다.

② 가용접이 완료되면 이면과 표면에 슬래그와 스패터를 제거하고 가용접 비드를 깨끗이 와이어 브러시를 이용하여 닦아 준다.

[그림 4.2.6] 슬래그 제거

[그림 4.2.7] 비드 청소

제3절 자세별 맞대기용접

1. 아래보기 자세 맞대기용접

(1) 1층 용접하기(이면비드 용접)

① 용접에 필요한 공구 준비하고 안전보호구를 착용한다.
② 가접된 모재 아래보기 자세로 용접지그에 고정한다.
③ 용접기의 전류 및 전압을 설정한다. (용접기마다 차이가 있음)
  - 용접 전류 : 190~210A, 용접전압 : 24~26V
  - 용접 전류와 전압을 설정하기 위해서는 맞대기 연습용 모재를 준비한 후 참고값을 기준으로 설정한다. 연습용 모재에 1차 이면비드 용접 후 검사하여 이면비드의 형상을 확인한다. 용입이 안 된 경우 용접전압과 전류를 높여 연습용 모재에 반복하여 용접한다. 이 과정을 통해 적정 용접전압과 전류를 찾을 수 있다. 단, CO_2 용접에서 맞대기용접을 완료하는 시간이 정해져 있으며, 시간 체크를 하며 연습용 모재를 사용하는 것이 좋다.
④ 용접토치의 노즐 안을 확인하여 스패터를 제거한다.
  - 용접토치의 노즐 안에 스패터가 많이 부착되면 탄산가스가 용융지를 보호할 수 없고 와이어 공급이 잘 안 되며, 용접 결함이 발생한다. 용접하기 앞서 노즐 안에 봉을 사용하여 깨끗이 청소해야 한다.

(a) 노즐 안 스패터 확인

(b) 노즐 안 스패터 제거

[그림 4.3.1] 노즐 내부 청결 상태 확인

⑤ 가접한 모재에 세라믹 백킹제를 부착한다. 이때 세라믹 백킹제의 빨간 선이 맞대기용접 중앙에 오도록 부착한다.

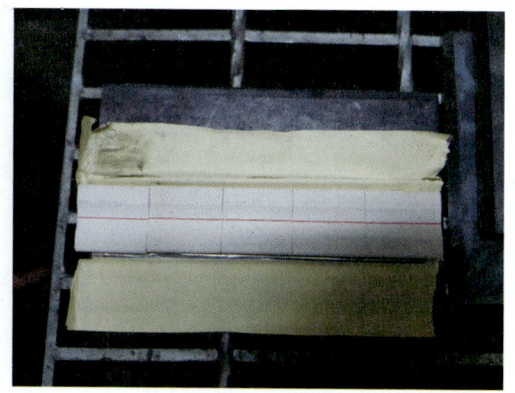
(a) 세라믹 백킹제

(b) 세라믹 백킹제 부착

[그림 4.3.2] 맞대기 시험편에 세라믹 백킹제 부착

⑥ 이면비드 용접에서는 크레이터 처리를 무로 설정하여 용접한다.

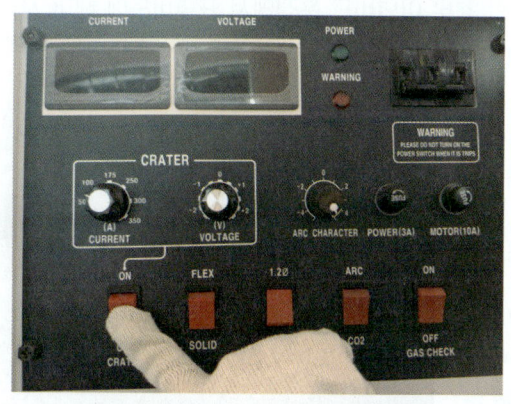
(a) P사 크레이터 설정

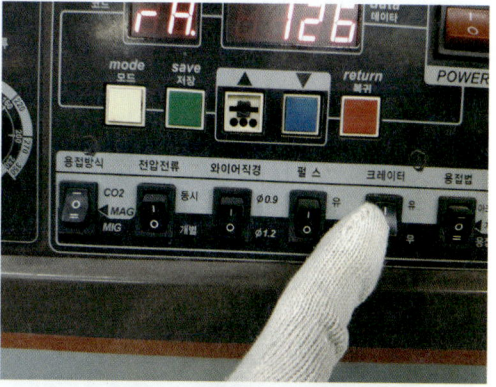
(b) S사 크레이터 설정

[그림 4.3.3] 용접기 크레이터 설정

⑦ 맞대기 시험편을 아래보기 자세로 고정한 후 용접 전류와 전압을 설정하고 이면비드를 용접한다. 이면비드의 용착량은 30% 정도로 용착금속을 형성한다.

(a) 모재의 고정　　　　　　　　　　　(b) 이면비드 용접

[그림 4.3.4] 아래보기 자세 용접(이면비드)

⑧ 이면비드 용접 후 서랭하여 완전 냉각되면 슬래그를 제거한다. 만약 냉각되지 않은 상태에서 슬래그해머를 사용하여 슬래그를 제거할 경우 이면비드 용접에서 표면비드에 해머 자국이 발생할 수 있고 슬래그 제거가 되지 않는다. 이면에 부착된 세라믹 백킹제도 제거한다.

(a) 슬래그 제거　　　　　　　　　　　(b) 비드청소

[그림 4.3.5] 슬래그 제거 및 청소

(2) 2층 용접하기(중간층)

① 1층 용접이 끝나면 표면을 와이어 브러시를 이용하여 깨끗이 닦아 준다.
② 용접 전류와 전압은 1층 용접과 동일하게 적용한다.

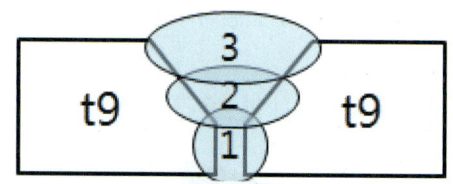

[그림 4.3.6] 아래보기 자세 모재 두께 용접 층수

③ 노즐 안은 스패터의 부착량을 확인하여 스패터를 제거한다.
④ 2층 용접의 용착은 모재의 표면으로부터 1mm 정도 낮게 용접하고, 비드의 개선각을 충분히 녹여 볼록 비드가 형성되지 않게 한다.

[그림 4.3.7] 2차 용접 용착량

(3) 3층 용접하기(표면비드 용접)

① 모재의 두께가 t9인 경우에 해당하며, 2차 용접 후 와이어 브러시를 이용하여 2차 용접의 표면을 깨끗이 닦아 준다.
② 용접 전류와 전압은 190A와 24V로 설정하고 용접 시작점에서 아크를 발생하여 용융풀을 형성한 후 위빙한다.
③ 위빙은 모재의 개선각 끝 모서리에서 약 2초간 머물러 주며 용접을 진행한다.

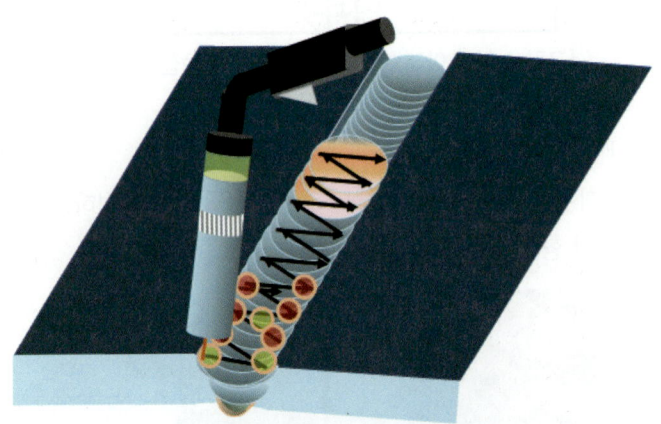

[그림 4.3.8] 표면비드 위빙 방법

④ 표면비드 용접이 끝나면 이면비드와 표면비드를 치핑해머, 와이어 브러시를 이용하여 깨끗이 닦는다.

(a) 아래보기 자세 표면비드   (b) 아래보기 자세 이면비드

[그림 4.3.9] 아래보기 자세 용접의 외관비드

2. 수직자세 맞대기용접

(1) 1층 용접하기 (이면비드 용접)

① 수직 자세도 아래보기 자세와 마찬가지로 가접된 맞대기 시험편에 경우 모재를 수평면에 대하여 수직으로 고정한다.

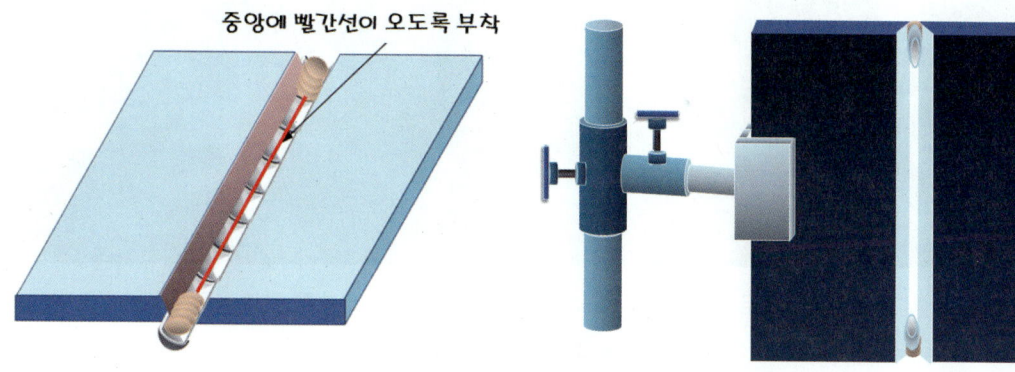

[그림 4.3.10] 세라믹 백킹제 부착

[그림 4.3.11] 수직 자세 모재 고정

② 용접토치의 각도는 진행각 100~105°, 작업각 90°을 유지한다.

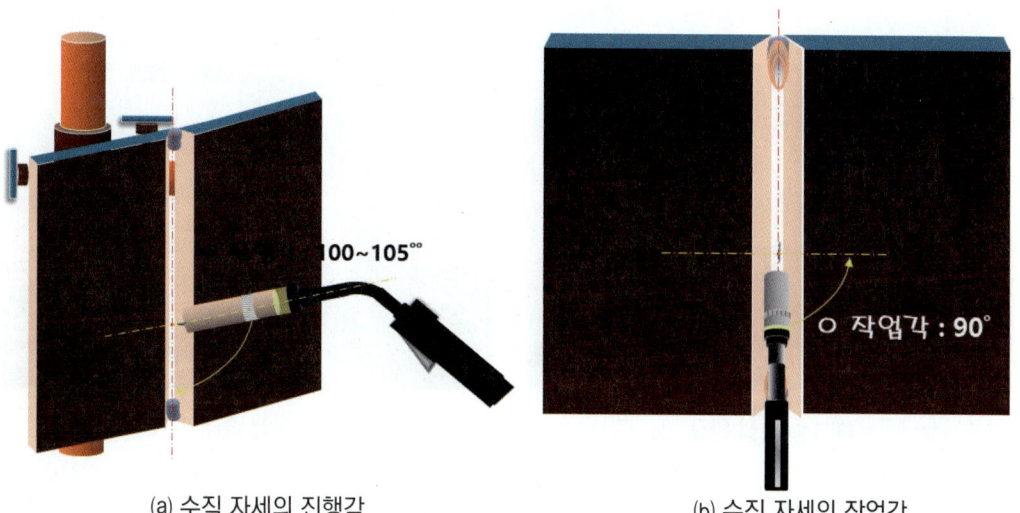

(a) 수직 자세의 진행각

(b) 수직 자세의 작업각

[그림 4.3.12] 수직 자세 용접토치 각도

③ 용접 전류와 전압을 각각 170~190A와 22~24V로 설정하고 1차 이면비드 용접을 한다. 와이어 돌출 길이는 10~15mm를 유지하고 루트면과 루트면 사이에서 좁게 위빙하여 용착금속을 형성한다.

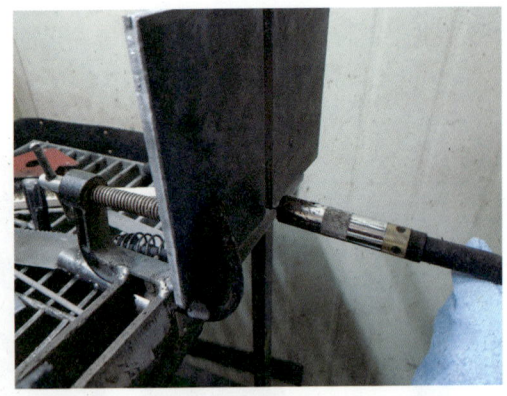
(a) 수직 자세 토치 각도

(b) 수직 자세 용접 진행

[그림 4.3.13] 수직 자세의 용접

④ 1층 용접이 끝나면 표면비드에 와이어 브러시를 이용하여 깨끗이 닦고 홈각도 및 용접토치 노즐 안에 생성된 스패터를 제거한다.

(a) 1층 용접 완료

(a) 1층 용접 슬래그 제거

[그림 4.3.14] 1층 용접 및 슬래그 제거

(2) 2차 용접하기(표면비드)

① 용접 전류 및 전압은 각각 180A와 23V로 설정하고 비드 양쪽의 개선각에 충분히 표면비드를 형성한다.
② 홈각도의 모서리는 자연적으로 용접선이 된다.
③ [그림 4.3.15]와 같이 2차 용접에서 진행각과 작업각은 90°로 유지한다.
④ 수직 자세 용접이 완료되면 공기 중에서 충분히 냉각시킨다. 그러고 나서 슬래그를 제거하고 와이어 브러시를 사용하여 표면과 이면비드를 깨끗이 닦은 후 제출한다.

(a) 수직 자세의 표면비드

(b) 수직 자세의 이면비드

[그림 4.3.15] 수직 자세 용접의 외관비드

3. 수평 자세 맞대기용접

(1) 1층 용접하기(이면비드 용접)

① 모재의 이면에 세라믹 백킹제를 부착한 후 모재를 수평면에 대하여 수직으로 고정하고 용접선은 수평이 되도록 한다.

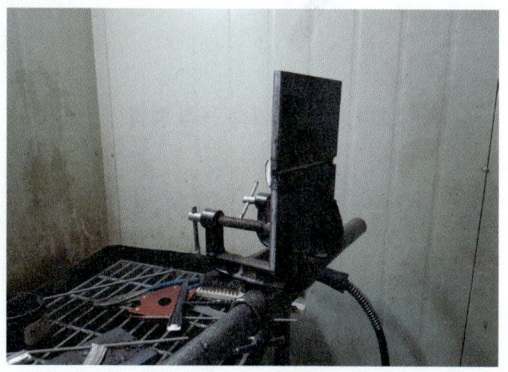
[그림 4.3.16] 수평 자세 모재 고정

② 용접토치의 각도는 진행각 85~90°, 작업각 85~90°을 유지한다. 용접 진행 중 키 홀이나 용접봉의 편심에 의해 형성되는 용융지의 위치에 따라 각도를 조절한다.

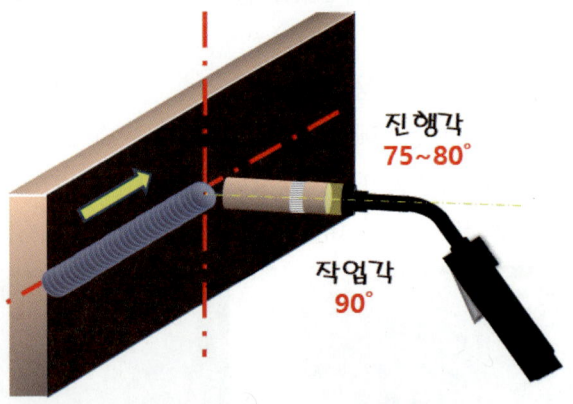

[그림 4.3.17] 수평 자세 용접 각도

③ 용접 전류와 전압을 190~210A와 24~26V로 설정하고 1차 이면비드 용접을 한다. 와이어 돌출 길이는 15~20mm를 유지하고, 루트면과 루트면 사이에서 위빙하여 양 끝에서 잠깐 머물러 용착금속을 형성한다.

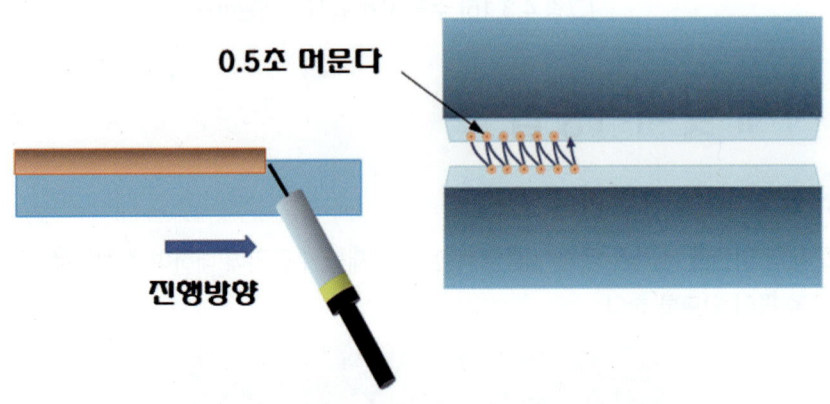

[그림 4.3.18] 1층 용접 방법

④ 1차 용접이 끝나면 표면비드를 와이어 브러시를 이용하여 깨끗이 닦고 홈각도 및 용접토치의 노즐 안에 생성된 스패터를 제거한다.

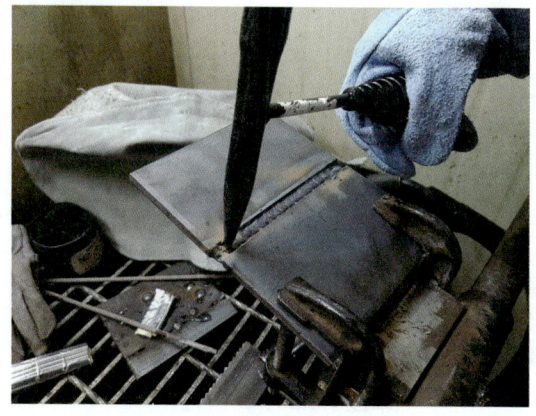

[그림 4.3.19] 슬래그 제거

(2) 2층 용접하기

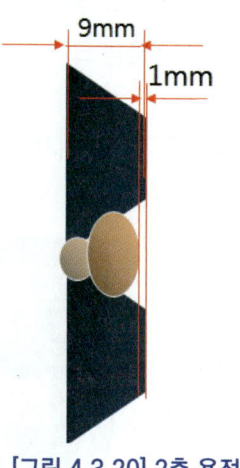

[그림 4.3.20] 2층 용접

① 2차 용접의 전류 및 전압은 1층 용접 전류 및 전압과 동일하게 설정하고 비드 양쪽의 개선각을 약간 크게 하여 볼록비드가 형성되지 않도록 한다.
② 모재의 표면에서 약 1~2mm 낮게 2차 용접비드를 형성한다.

③ 2차 용접이 완료되면 스패터를 제거하고 와이어 브러시로 깨끗이 닦는다.

[그림 4.3.21] 2차 용접

(3) 3층 용접하기

① 표면비드 1차 용접하기
- 홈 아래 안쪽 부분을 1mm 정도 채워 주면서 직선으로 진행한다.
- 위빙 피치를 일정하게 하고 형성되는 용융풀의 크기가 동일하도록 만들어 주면서 운봉 속도를 진행한다.
- 각 층 용접 후 결함을 제거하고 스패터를 깨끗이 제거한다.
- 용접 전류 및 전압은 1층과 동일하게 적용한다.

[그림 4.3.22] 3층 표면 첫 번째 용접

② 표면 2차 용접하기
- 아래의 비드를 반 정도 남기고 그 위를 겹쳐 쌓아 주면서 직선으로 진행한다.
- 진행 방법은 3-1층 용접방법과 같다.
- 각 층 용접 후 결함을 제거하고 스패터를 깨끗이 제거한다.

[그림 4.3.23] 3층 표면 두 번째 용접

③ 표면 3차 용접하기
- 두 번째 비드를 반 정도 남기고 그 위를 겹쳐 쌓아 주면서 직선으로 진행한다.
- 진행 방법은 3-1층 용접 방법과 같다.
- 용접 전류 및 전압은 언더컷 또는 언더필 방지를 위해 180A에 23V 정도로 조금 낮게 설정한다.

[그림 4.3.24] 3층 표면 세 번째 용접

 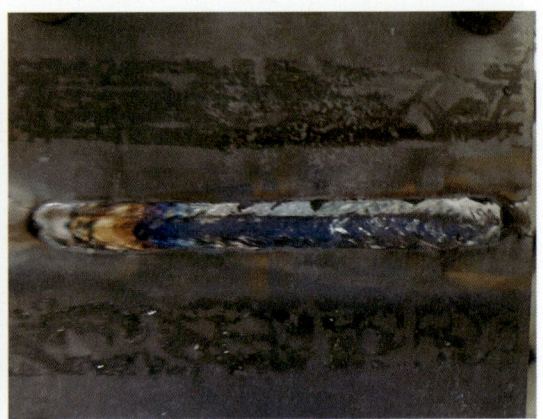

(a) 수평 자세 표면비드　　　　　　　(b) 수평 자세 이면비드

[그림 4.3.25] 수평 자세 맞대기용접 시험편

제5장
용접부 검사

제1절 솔리드와이어 맞대기용접 검사

제2절 솔리드와이어 필릿용접 검사

제3절 플럭스코어드와이어 맞대기용접 검사

제1절 솔리드와이어 맞대기용접 검사

1. 시험편의 외관검사

CO_2맞대기용접 시험편의 육안 검사는 다음과 같다.

① 표면 비드폭(12~14mm), 파형이 일정한가?

비드폭이 기준 이상은 형성되는 것은 용접속도가 느려 용착량이 많아 발생한다.

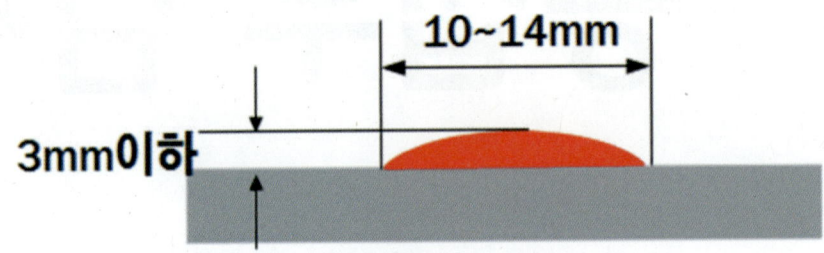

[그림 5.1.1] CO_2 용접 시험편의 표면비드 폭과 높이의 기준

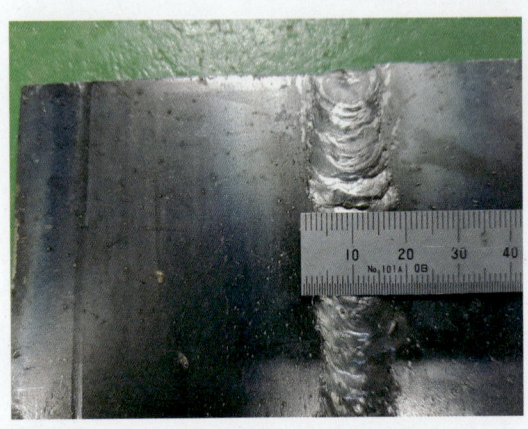
(a) 표면비드 폭이 넓음(약 18mm)

(b) 표면비드 폭이 적당함(약 14mm)

[그림 5.1.2] 용접 시험편의 비드폭

② 시험 출제 기준에 따라 표면비드 높이가 모재 두께의 50%(3mm) 이하인가?
표면비드의 높이는 용접속도가 느린 경우 또는 용접 전류와 전압이 낮은 경우 발생한다.

(a) 표면비드 높이 2mm(합격)

(b) 표면비드 높이 7mm(오작)

[그림 5.1.3] 표면비드 높이 측정

③ 시험 출제 기준과 같이 이면비드 폭, 높이가 적절한가?
표면비드와 마찬가지로 이면비드 높이가 모재 두께의 50%(3mm) 이상일 경우 오작이 될 수 있다. 특히 가용접 부위에서 용락이 발생하지 않도록 주의한다.

[그림 5.1.4] 이면비드 외관검사

④ 결함검사 : 언더컷, 오버랩, 용입 불량, 용락, 언더필, 크레이터 처리

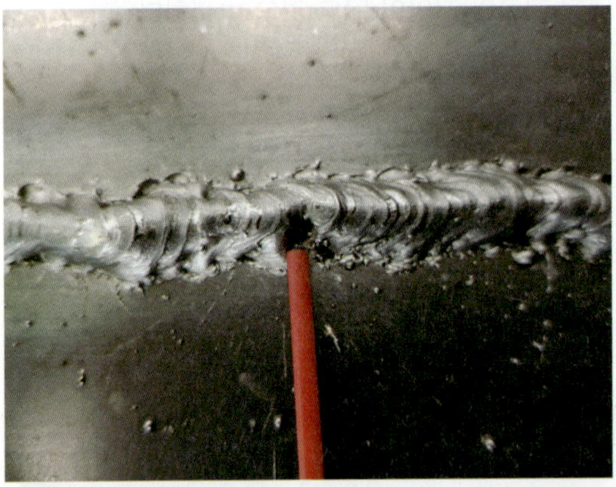

(a) 언더컷

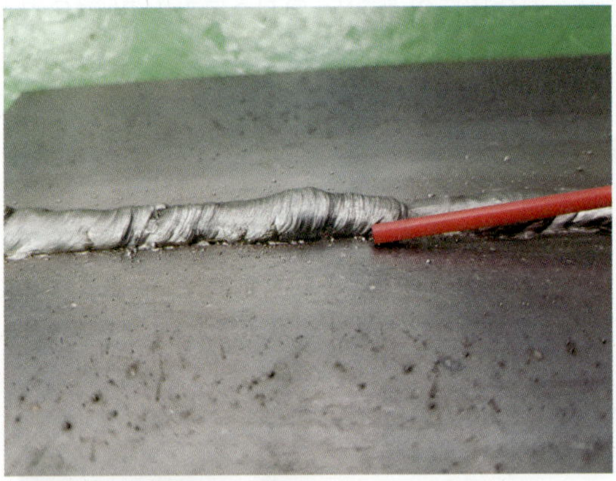

(b) 오버랩

(c) 용입 불량

(d) 용락

(e) 언더필

(f) 크레이터 처리 불량

[그림 5.1.5] 용접 결함의 예시

⑤ 청소 상태 : 스패터 제거

[그림 5.1.6] 스패터의 제거

2. 시험편의 굽힘시험

시험 감독의 육안 검사가 끝나면 합격자는 모재 표면과 이면을 가공한다. 시험 장소에 따라 수험자 또는 관리원이 가공하는 곳도 있다. 가공된 모재는 굽힘시험을 하는데 이때 시험을 하는 방법은 다음과 같다.

① 모재의 표면과 이면을 그라인더를 이용하여 가공한다. 이때 용접비드의 길이 방향으로 가공한다.

(a) 올바른 가공 방법　　　　　　　　　(b) 잘못된 가공 방법

[그림 5.1.7] 굽힘시험 가공

(a) 올바른 가공 방법

(b) 잘못된 가공 방법

[그림 5.1.8] 굽힘시험 가공

(a) 정상

(b) 용접부 크랙

[그림 5.1.9] 굽힘시험 가공

제2절 솔리드와이어 필릿용접 검사

1. 외관검사

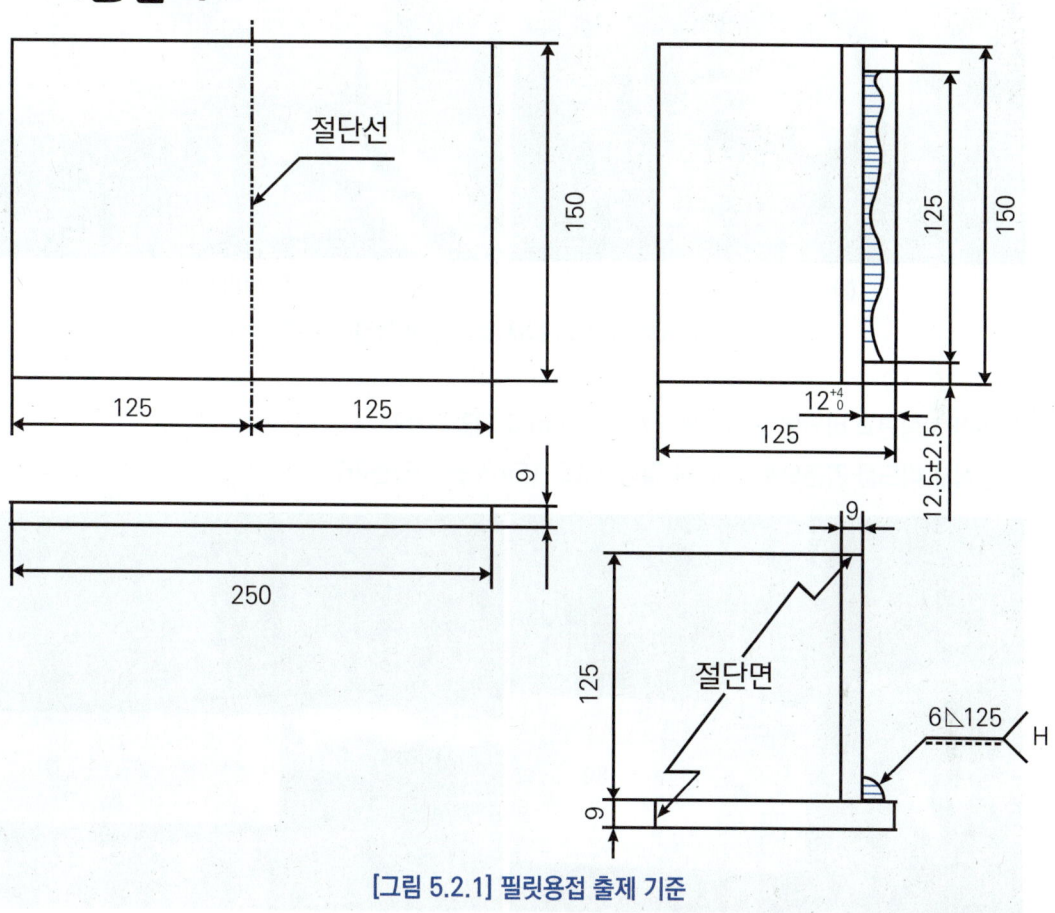

[그림 5.2.1] 필릿용접 출제 기준

CO_2 필릿용접 시험편의 외관검사는 다음과 같다.

① 표면비드 목길이(4.8~9mm) 기준에 적합한가?

　목길이는 바닥면과 측면 양쪽 다 측정한다. 부등각장이 발생하지 않도록 자세별로 정확하게 위빙을 진행하도록 한다.

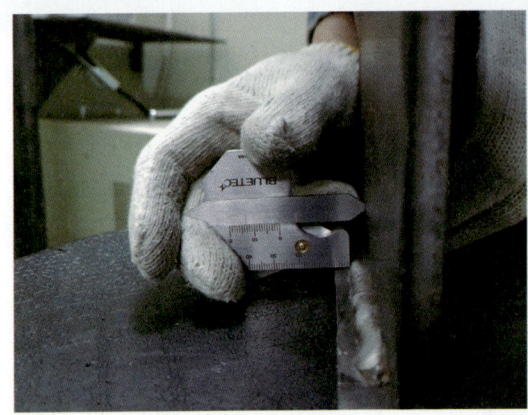

(a) 목길이(바닥면)　　　　　　　　　(b) 목길이(측면)

[그림 5.2.2] 용접게이지를 이용한 목길이 측정

② 측면 시험편과 바닥면 모서리까지 12~16mm를 띄었는가?
　 용접부 비드를 기준으로 양 끝단 길이가 10~15mm를 띄었는가?

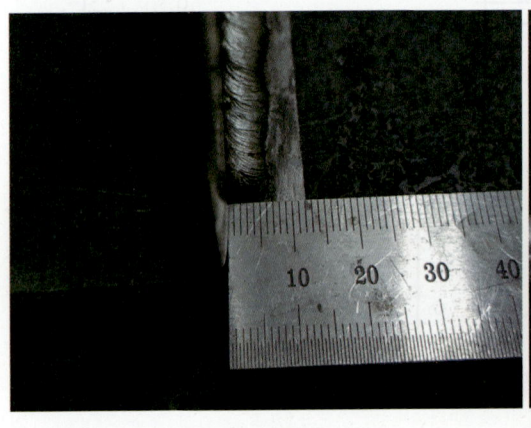
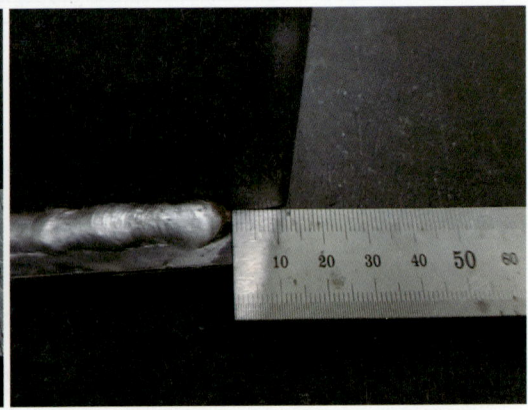

(a) 목길이　　　　　　　　　　　　(b) 목두께

[그림 5.2.3] 그라인더 작업 완료

③ 결함검사 : 언더컷, 오버랩, 시점 및 크레이터 처리
　 - 언더컷은 경우 용접 전류 및 전압이 너무 높거나 용접속도가 빠르면 발생한다.
　 - 오버랩은 용접 전류 및 전압이 낮거나 용접속도가 느리면 발생한다.
　 - 크레이터부 결함은 끝부분에 덧살 용접으로 크레이터를 채워야 한다.

④ 청소
　 용접 시험편의 모재에 발생된 스패터를 슬래그 해머와 와이어 브러시를 사용하여 깨끗이 청소한다.

2. 파단시험

① 시험편을 파단시험기의 테이블에 놓고 시험편이 바닥에 닿을 정도로 유압프레스를 가압한다.

(a) 파단 시험　　　　　　　　　　　　(b) 파단 완료

[그림 5.2.4] 그라인더 작업 완료

(a) 파단면 관찰　　　　　　　　　　　(b) 파단면 관찰

[그림 5.2.5] 그라인더 작업 완료

② 필릿용접부를 파단하여 용접 결함 상태를 확인한다.

제3절 플럭스코어드와이어 맞대기용접 검사

1. 육안 검사

CO_2 맞대기용접 시험편의 육안 검사는 다음과 같다.

① 표면비드 폭(10~14mm), 높이, 파형이 일정한가?

비드폭이 기준 이상으로 형성되는 것은 용접속도가 느리고 용착량이 많아 발생한다.

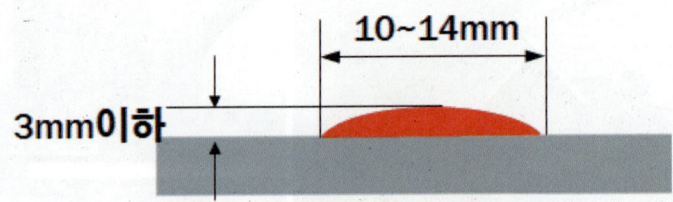

[그림 5.3.1] CO_2 용접 시험편 표면비드 폭과 높이 기준

② 표면비드 높이가 판 두께의 20% 정도, 3mm 이하가 일정한가?

표면비드의 높이는 용접속도가 느린 경우 또는 용접 전류와 전압이 낮은 경우 발생한다.

(a) 표면비드 정상

(b) 표면비드 비정상

[그림 5.3.2] 시험편 표면비드

③ 이면비드폭, 높이가 일정한가?

(a) 이면비드 정상   (b) 이면비드 비정상

[그림 5.3.3] 시험편 이면비드

④ **결함검사** : 언더컷, 오버랩, 용입 불량, 용락, 시작점, 크레이터 처리
 - 언더컷은 경우 용접 전류 및 전압이 높거나 용접속도가 빠르면 발생한다.
 - 오버랩은 용접 전류 및 전압이 낮거나 용접속도가 느리면 발생한다.
 - 용입 불량은 루트 간격이 좁거나 루트면이 넓으면, 용접 전류 및 전압이 낮고 용접속도가 빠르면 발생한다.
 - 용락의 경우 루트 간격이 넓거나 루트면이 작으면, 용접 전류 및 전압이 높고 용접속도가 느리면 발생한다.
 - 시작점 결함의 경우 시작부에는 천천히 위빙하여 홈 안에 충분히 용입되게 한다.
 - 크레이터부 결함은 끝부분에 덧살 용접으로 크레이터를 채워야 한다.

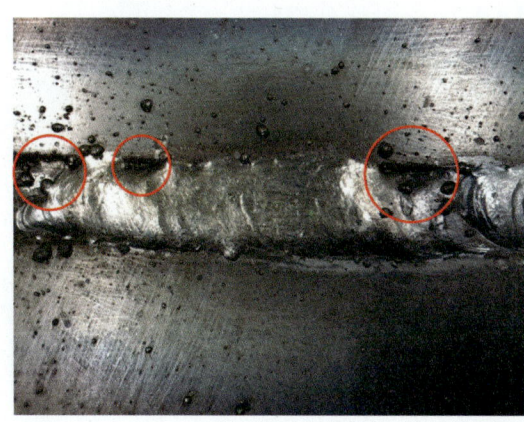 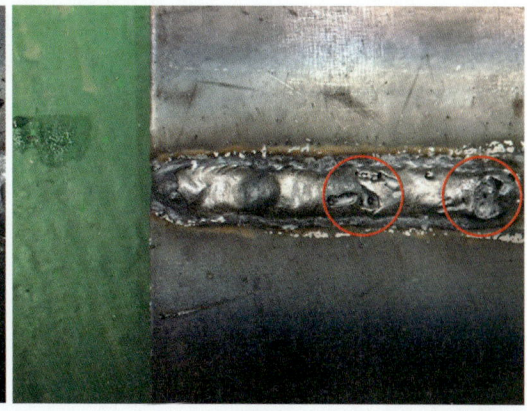

(a) 표면비드 언더컷   (b) 표면비드 가스 불충분

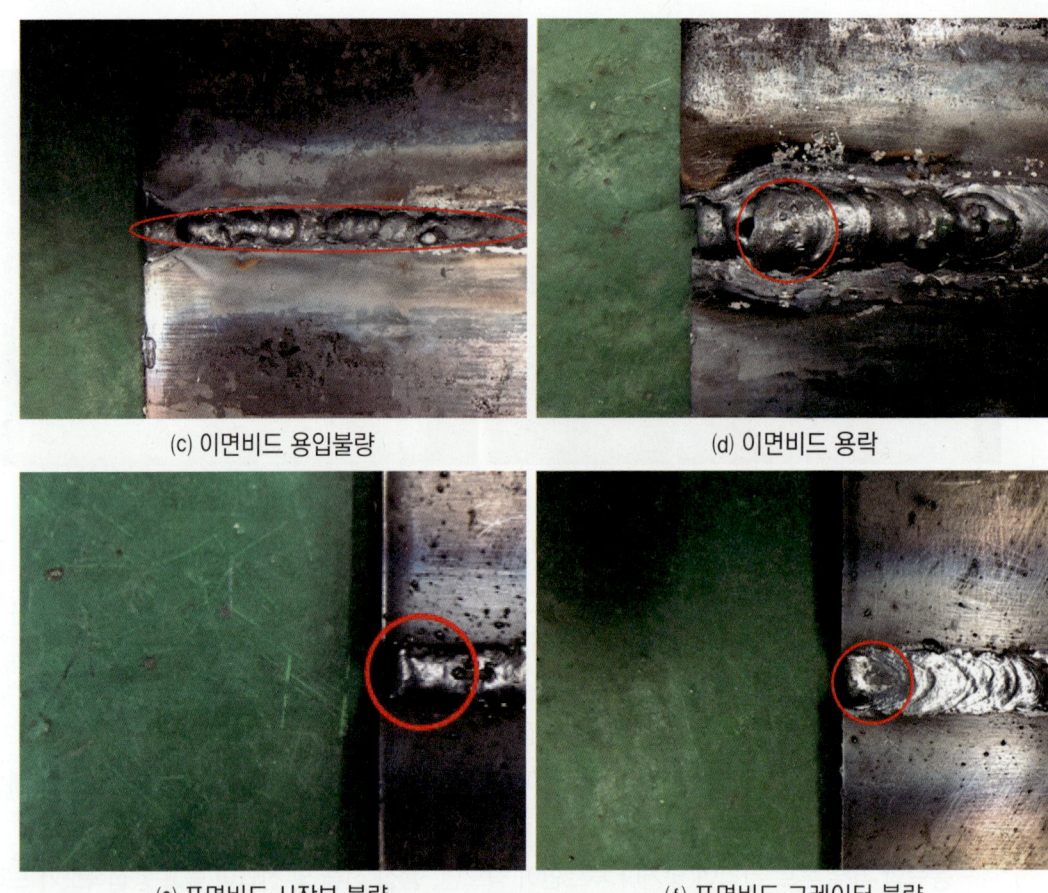

(c) 이면비드 용입불량　　　　　　　　(d) 이면비드 용락

(e) 표면비드 시작부 불량　　　　　　　(f) 표면비드 크레이터 불량

[그림 5.3.4] 시험편 CO_2 용접 결함

⑤ 청소

　용접 시험편의 모재에 발생된 스패터을 슬래그해머와 와이어 브러시를 사용하여 깨끗이 닦는다.

2. 굽힘시험

시험 감독의 육안 검사가 끝나면 육안 검사의 합격자는 모재 표면과 이면을 가공한다. 시험장소에 따라 수험자 또는 관리원이 가공하는 곳도 있다. 가공된 모재는 굽힘시험을 하는데 이때 시험을 하는 방법은 다음과 같다.

① 모재의 표면과 이면을 그라인더를 이용하여 가공한다. 이때 용접비드의 길이 방향으로 가공한다.

(a) 올바른 가공 방법　　　　　　　　　(b) 잘못된 가공 방법

[그림 5.3.5] 굽힘시험 가공

(a) 올바른 가공 방법　　　　　　　　　(b) 잘못된 가공 방법

[그림 5.3.6] 굽힘시험 가공

(a) 정상　　　　　　　　　　　　　(b) 용접부 크랙

[그림 5.3.7] 굽힘시험 가공

제6장
실기시험 예상문제

시험편 CO_2 용접, 가스절단 및 T형 필릿용접

※ 척도 N.S

도면 1

(1) 솔리드와이어 맞대기용접

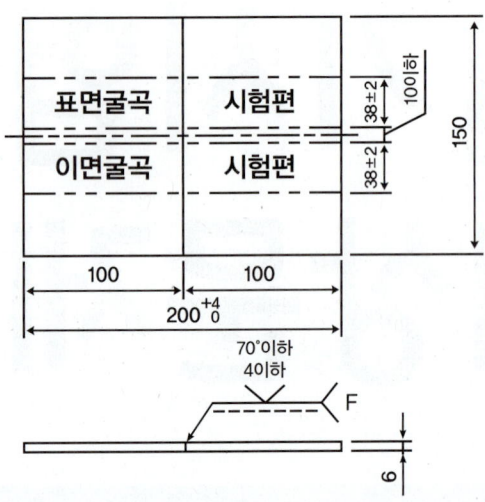

(2) 플럭스코어드와이어 맞대기용접

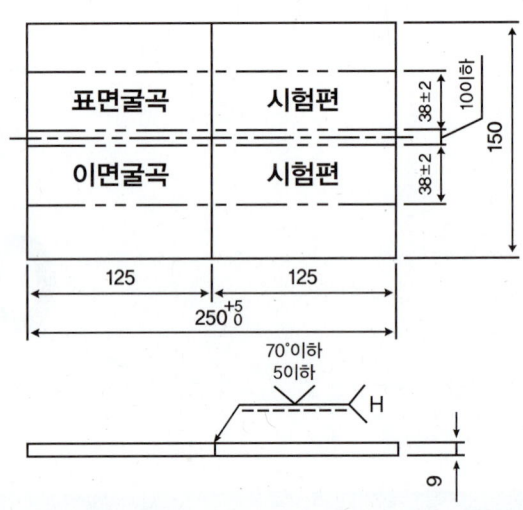

(3) 가스절단 및 T형 필릿솔리드와이어용접

① 가스절단 작업

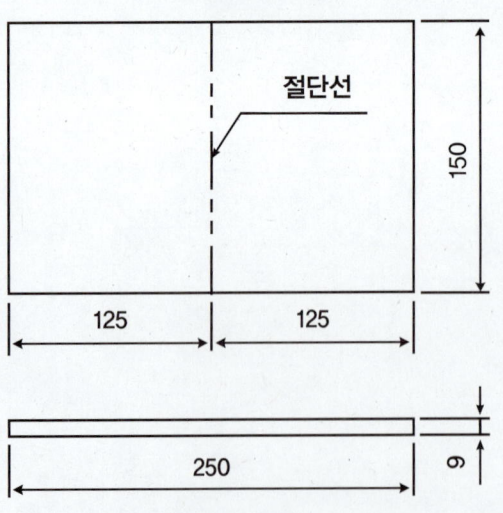

② T형 필릿솔리드와이어용접

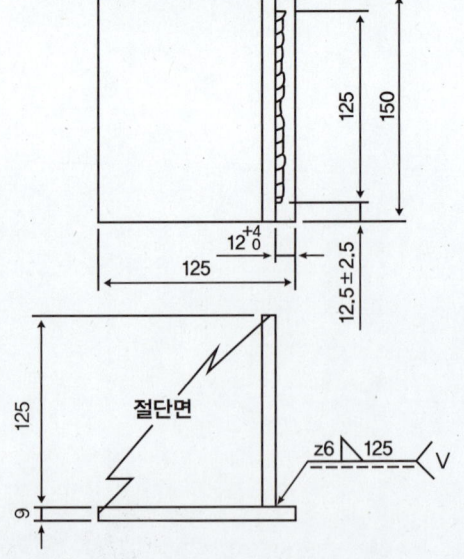

도면 2

(1) 솔리드와이어 맞대기용접

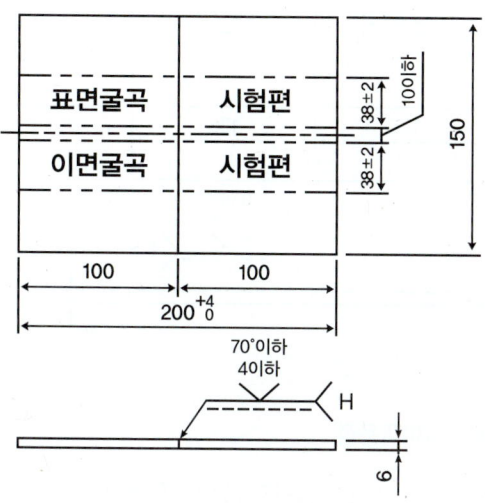

(2) 플럭스코어드와이어 맞대기용접

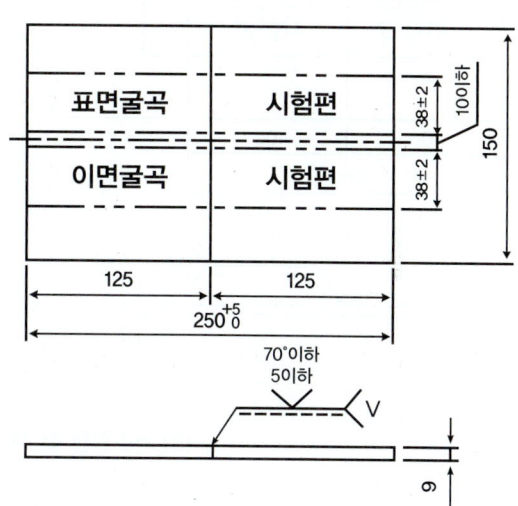

(3) 가스절단 및 T형 필릿솔리드와이어용접

① 가스절단 작업

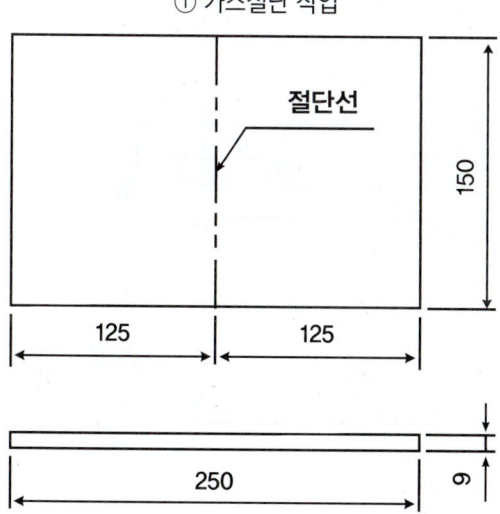

② T형 필릿솔리드와이어용접

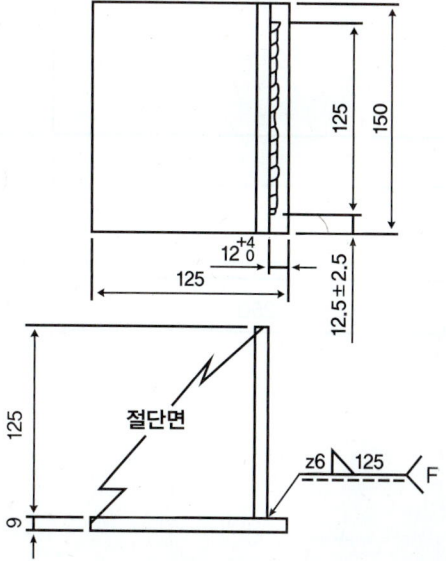

도면 3

(1) 솔리드와이어 맞대기용접

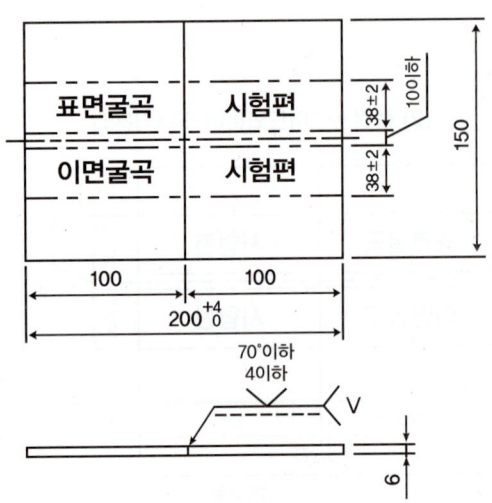

(2) 플럭스코어드와이어 맞대기용접

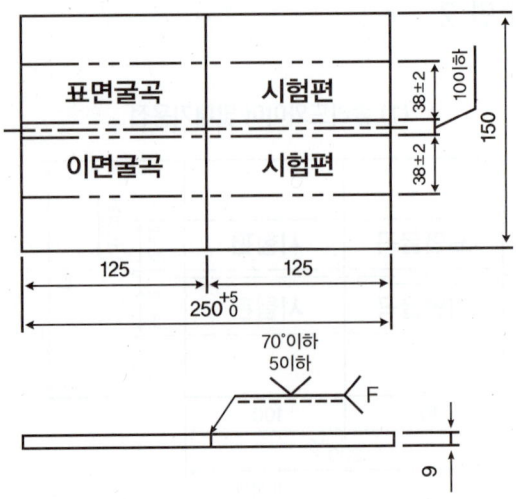

(3) 가스절단 및 T형 필릿솔리드와이어용접

① 가스절단 작업

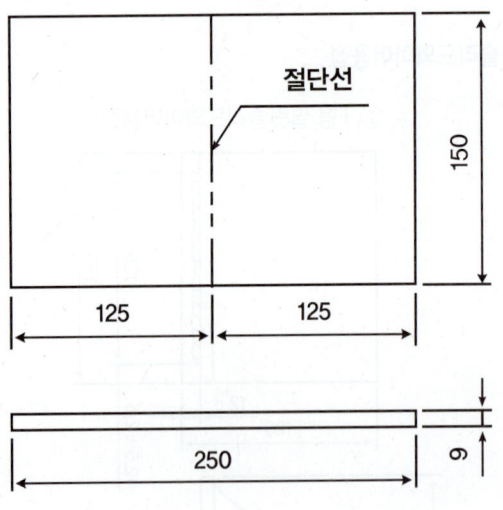

② T형 필릿솔리드와이어용접

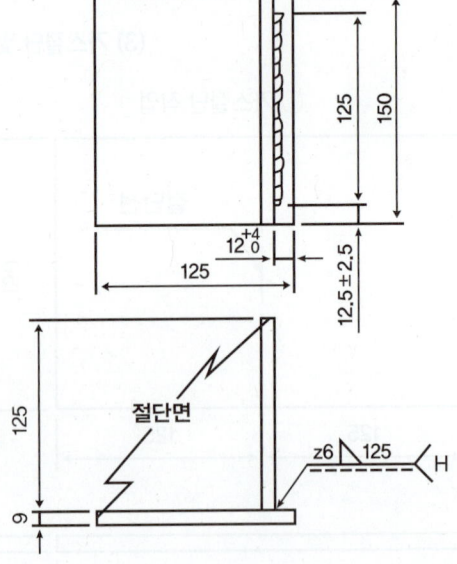

도면 4

(1) 솔리드와이어 맞대기용접

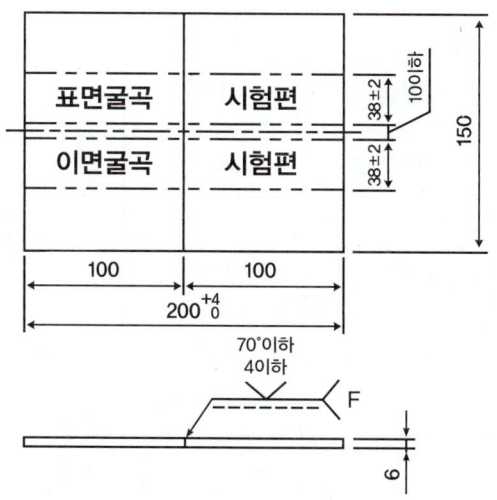

(2) 플럭스코어드와이어 맞대기용접

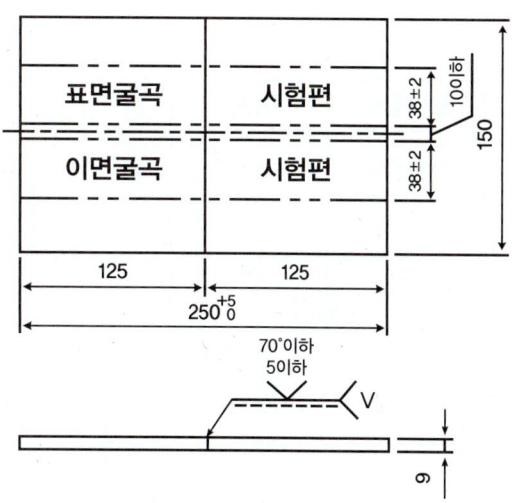

(3) 가스절단 및 T형 필릿솔리드와이어용접

① 가스절단 작업

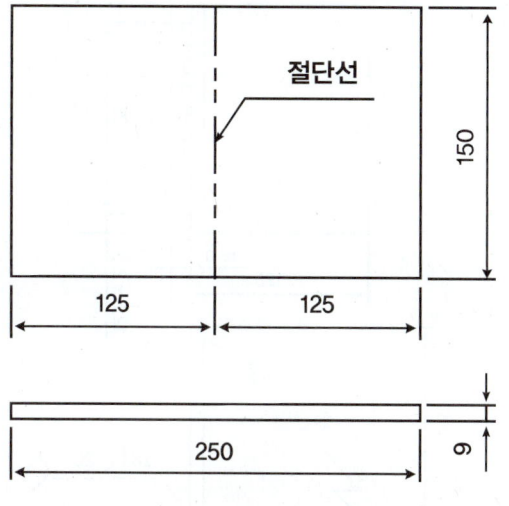

② T형 필릿솔리드와이어용접

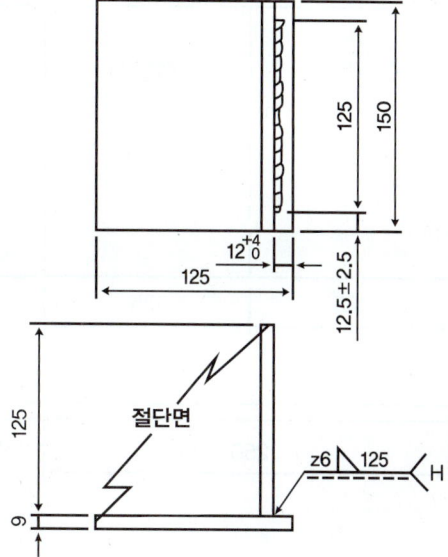

도면 5

(1) 솔리드와이어 맞대기용접

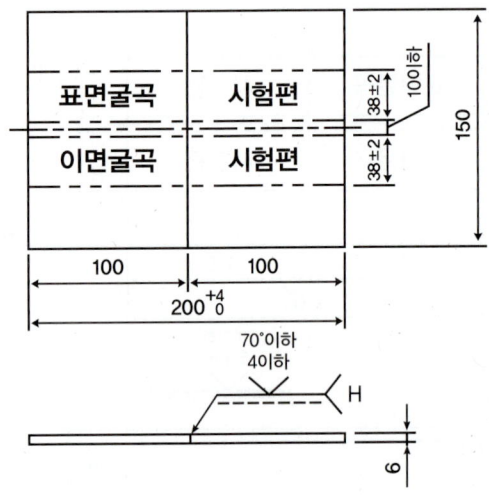

(2) 플럭스코어드와이어 맞대기용접

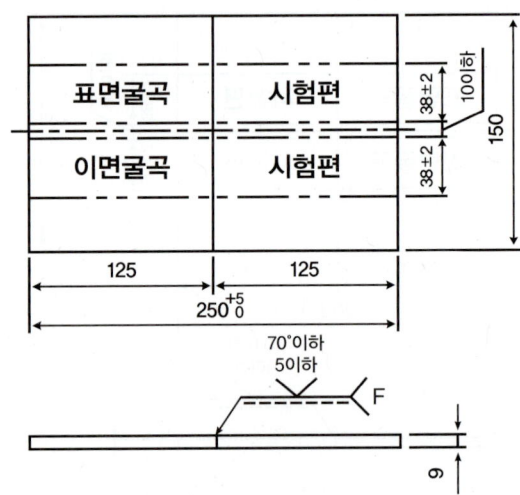

(3) 가스절단 및 T형 필릿솔리드와이어용접

① 가스절단 작업

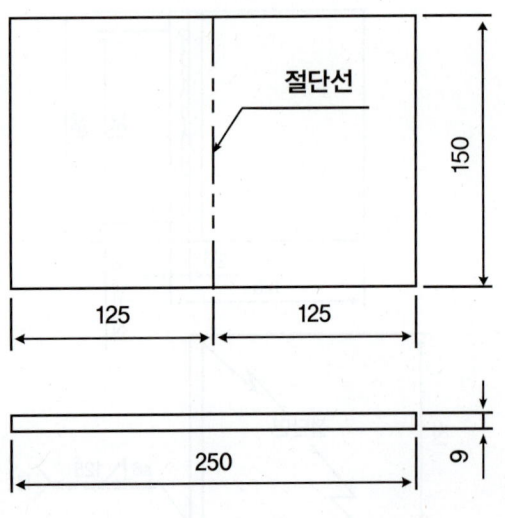

② T형 필릿솔리드와이어용접

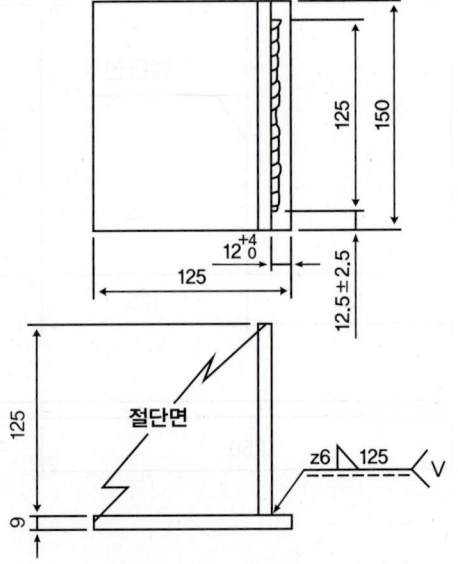

도면 6

(1) 솔리드와이어 맞대기용접

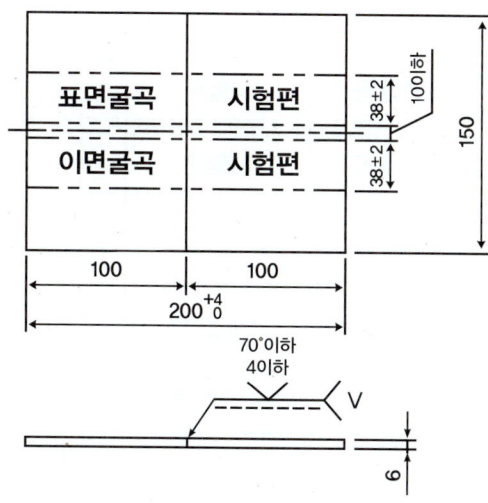

(2) 플럭스코어드와이어 맞대기용접

(3) 가스절단 및 T형 필릿솔리드와이어용접

① 가스절단 작업

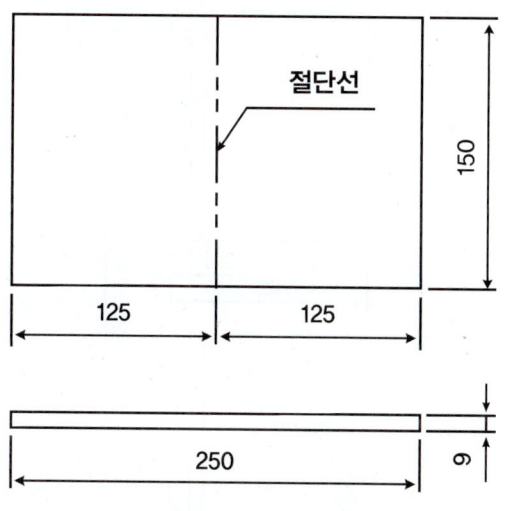

② T형 필릿솔리드와이어용접

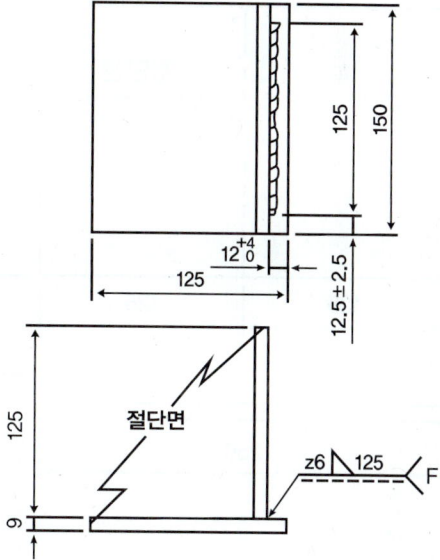

도면 7

(1) 솔리드와이어 맞대기용접

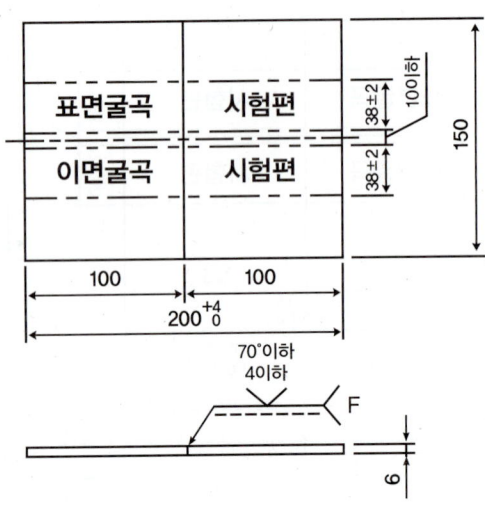

(2) 플럭스코어드와이어 맞대기용접

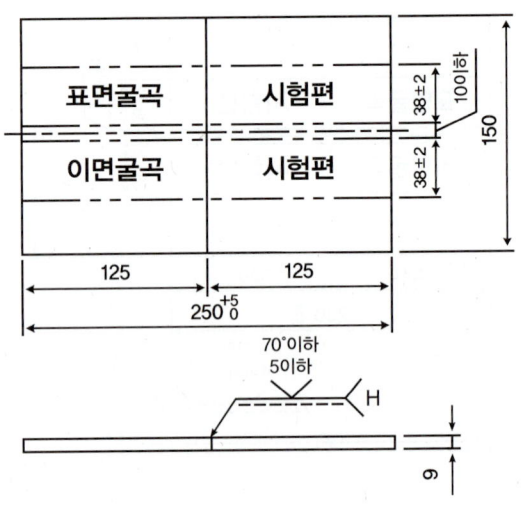

(3) 가스절단 및 T형 필릿솔리드와이어용접

① 가스절단 작업

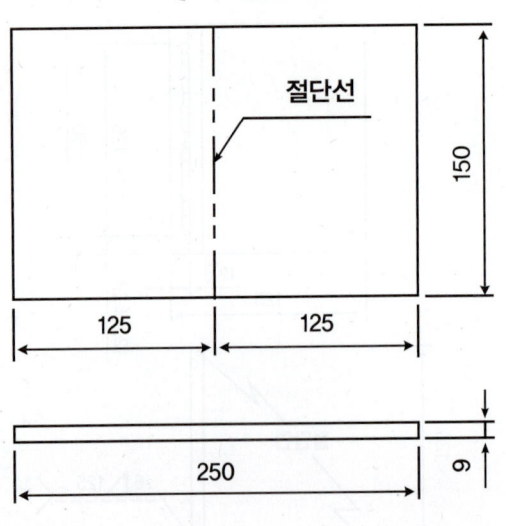

② T형 필릿솔리드와이어용접

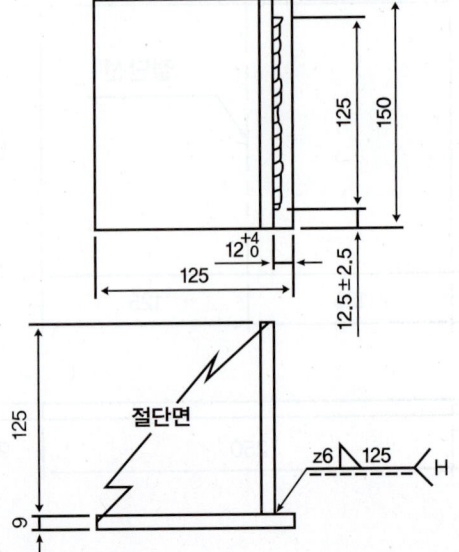

도면 8

(1) 솔리드와이어 맞대기용접

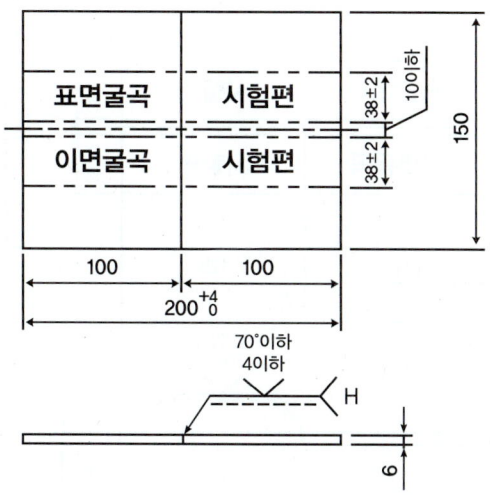

(2) 플럭스코어드와이어 맞대기용접

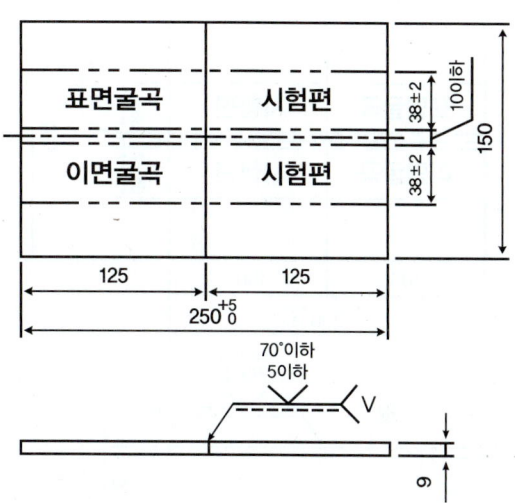

(3) 가스절단 및 T형 필릿솔리드와이어용접

① 가스절단 작업

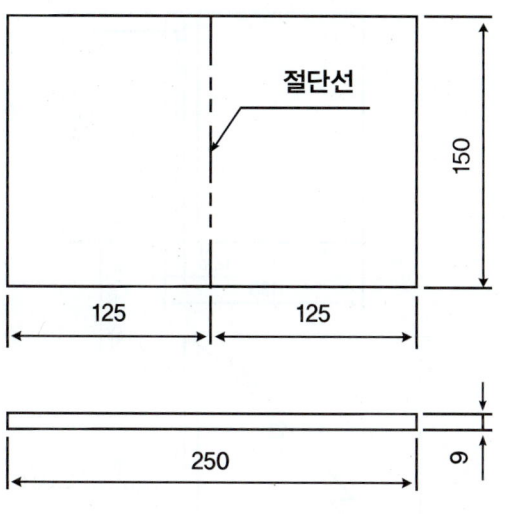

② T형 필릿솔리드와이어용접

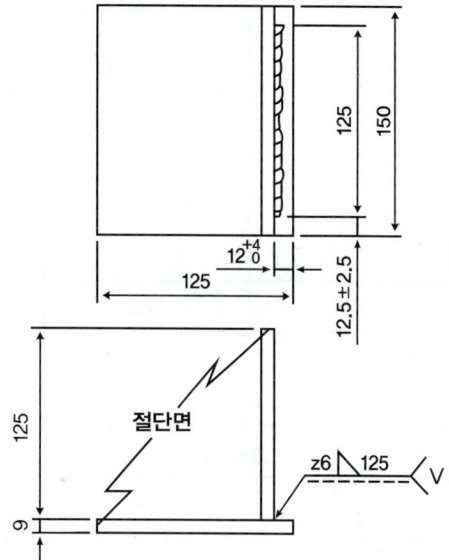

도면 9

(1) 솔리드와이어 맞대기용접

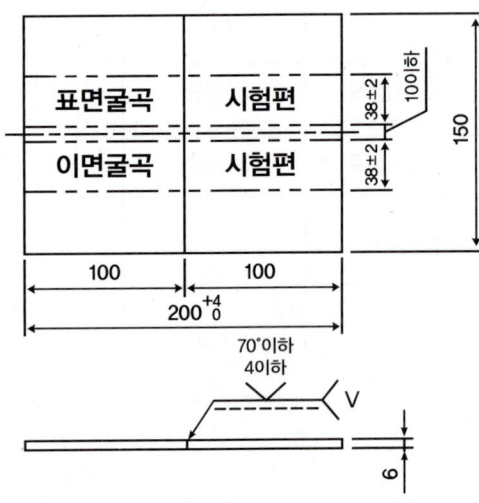

(2) 플럭스코어드와이어 맞대기용접

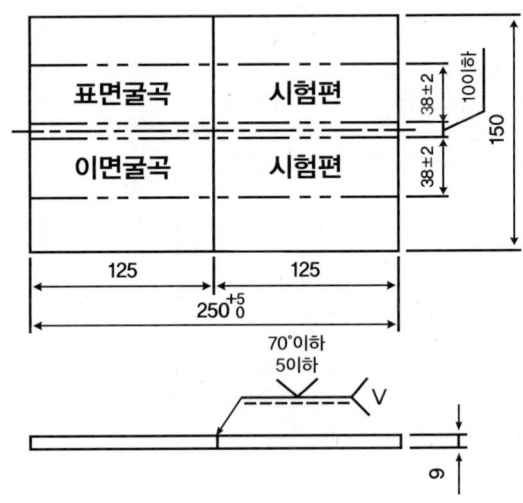

(3) 가스절단 및 T형 필릿솔리드와이어용접

① 가스절단 작업

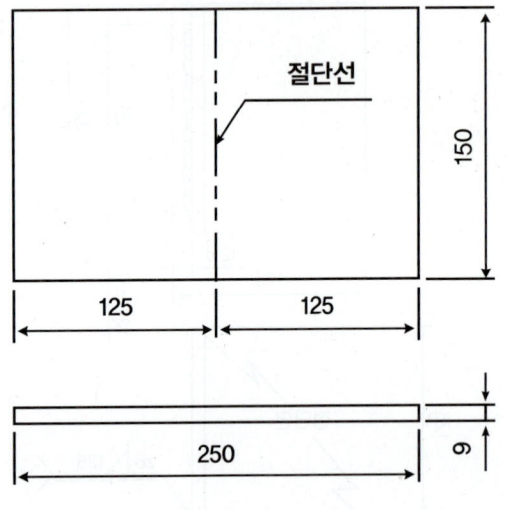

② T형 필릿솔리드와이어용접

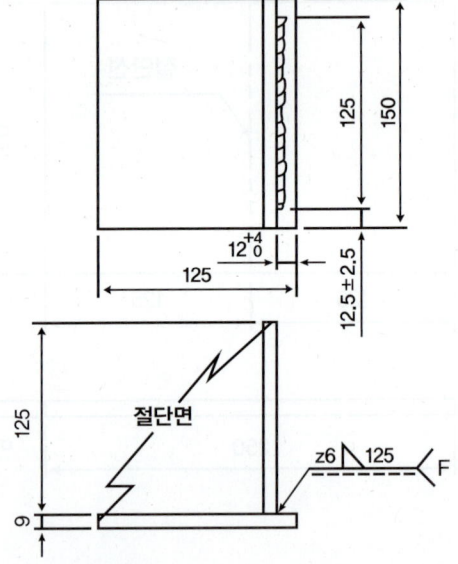

도면 10

(1) 솔리드와이어 맞대기용접

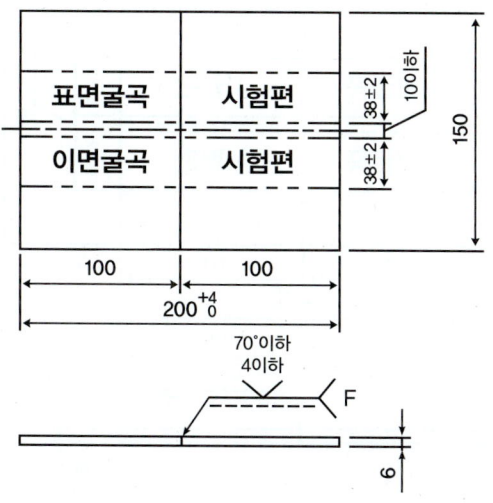

(2) 플럭스코어드와이어 맞대기용접

(3) 가스절단 및 T형 필릿솔리드와이어용접

① 가스절단 작업

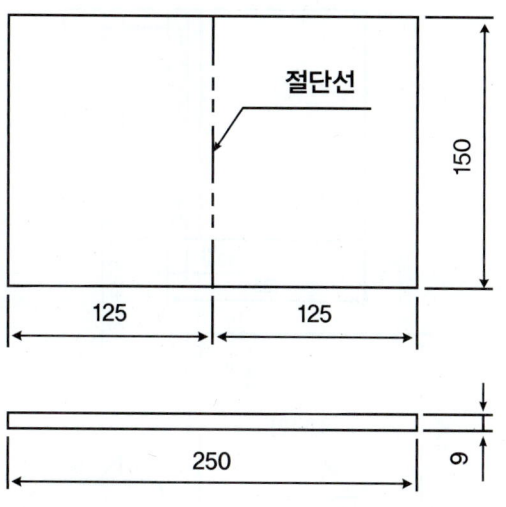

② T형 필릿솔리드와이어용접

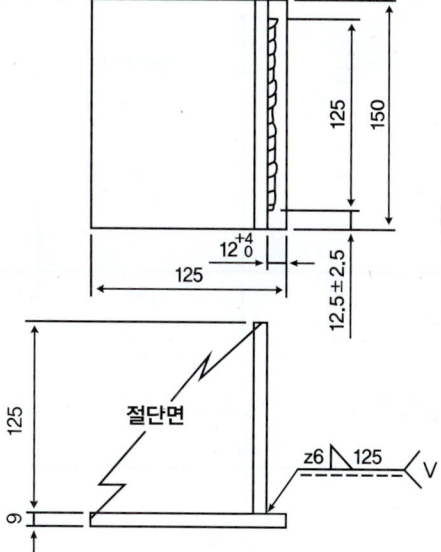

도면 11

(1) 솔리드와이어 맞대기용접

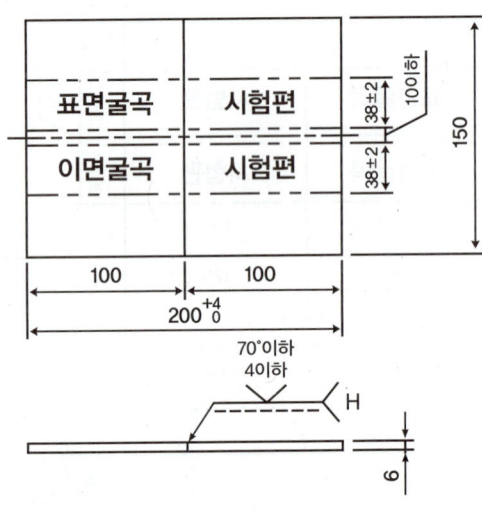

(2) 플럭스코어드와이어 맞대기용접

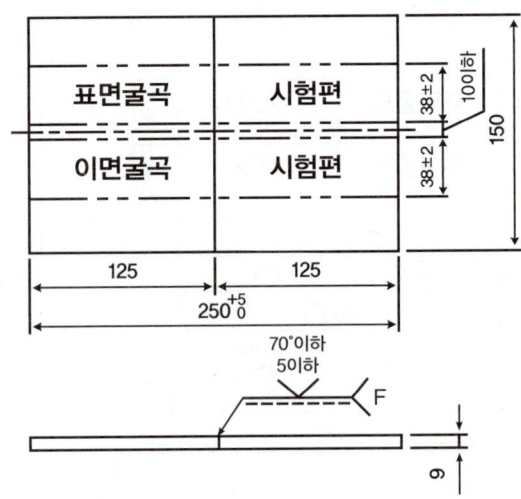

(3) 가스절단 및 T형 필릿솔리드와이어용접

① 가스절단 작업

② T형 필릿솔리드와이어용접

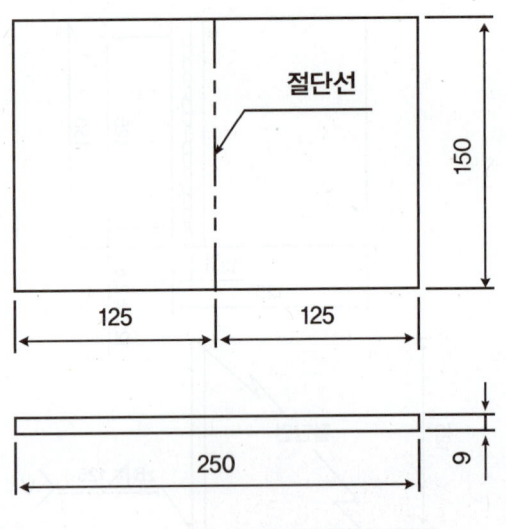
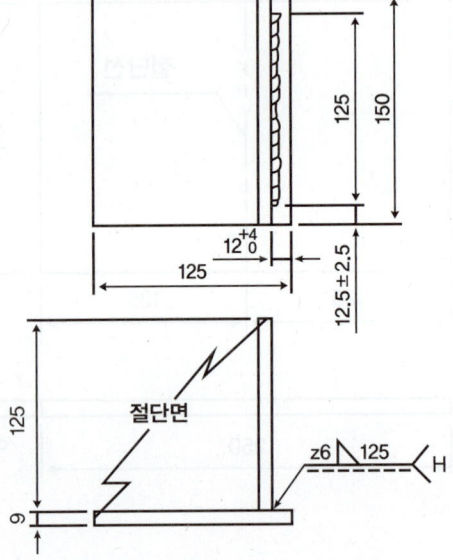

도면 12

(1) 솔리드와이어 맞대기용접

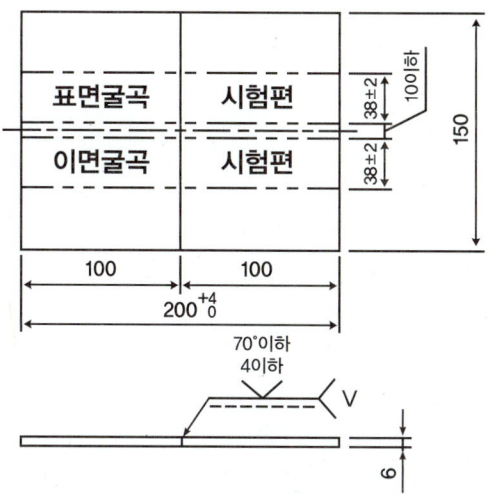

(2) 플럭스코어드와이어 맞대기용접

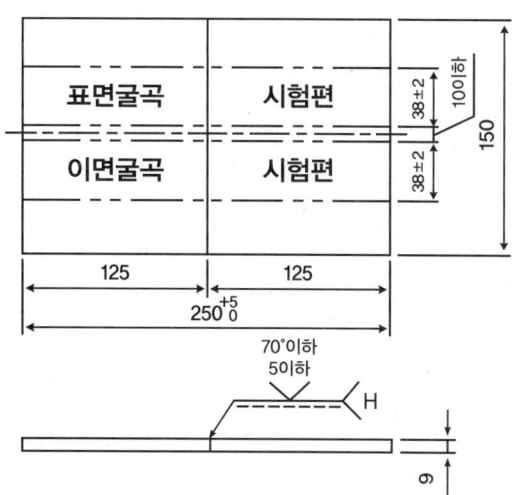

(3) 가스절단 및 T형 필릿솔리드와이어용접

① 가스절단 작업

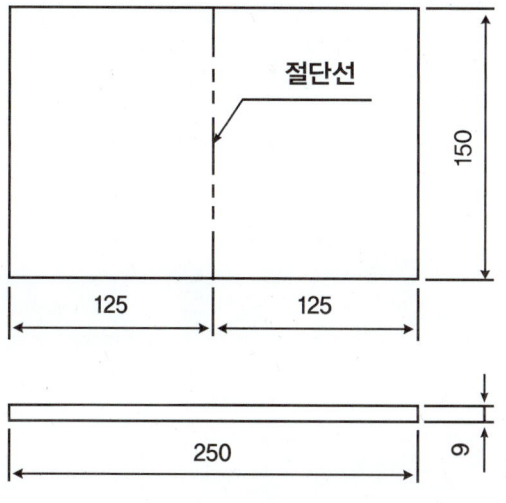

② T형 필릿솔리드와이어용접

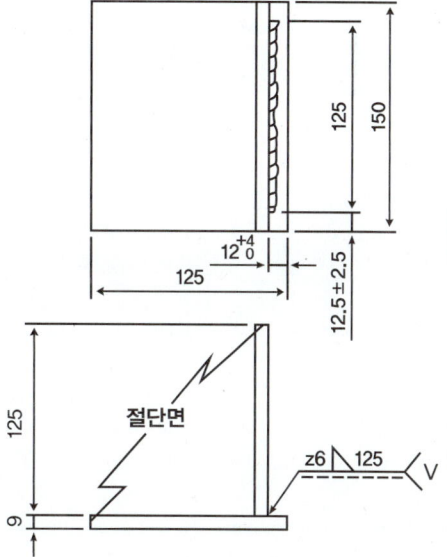

MEMO

	...기
	2025년 1월 10일 초판 1쇄 발행
	2026년 1월 20일 초판 2쇄 발행
자	김명선·이상원·홍상현·윤상준 공저
처	크라운출판사 http://www.crownbook.co.kr
인	李尙原
번호	제 300-2007-143호
소	서울시 종로구 율곡로13길 2
처	(02) 765-4787, 1566-59..
화	(02) 745-0311~3
스	(02) 743-2688, 02) 741-32..
이지	www.crownbook.co.kr
I S B N	978-89-406-4910-7 / 13550

특별판매정가 18,000원